Marina Taxer

Die Spezielle Relativitätstheorie für das Gymnasium

Die Spezielle Relativitätstheorie für das Gymnasium

Ein Lehr- und Übungsbuch für die Oberstufe

von

Dr. Martin Zwicknagl

Impressum

(c) 2019 Dr. Martin Zwicknagl (Eigenverlag),
A-6322 Kirchbichl, Schmiedgasse 12
E-Mail: martin.zwicknagl@kirchbichl.net

gesetzt mit LaTeX 2_ε und KOMA-Script

gedruckt von Amazon Media EU S.à r.l.,
5 Rue Plaetis, L-2338, Luxembourg

Umschlaggestaltung unter Verwendung von Motiven
von geralt/pixabay; Autorenfoto: © Christoph Ascher, Wörgl

1. Auflage (20201116184600)
ISBN: 978-3-95048440-3

FÜR

NINA, ANNA UND LAURIN

Vorwort

Für wen das Buch gedacht ist

Das vorliegende Buch soll Lernenden einen Einstieg in die faszinierende Welt der Speziellen Relativitätstheorie bieten, für den nur grundlegendes mathematisches Vorwissen notwendig ist. Für das Verständnis reichen solide mathematische Kenntnisse der Unterstufe und das Beherrschen der Vektorrechnung in der Ebene.
Im Zuge meiner Lehrtätigkeit habe ich die hier behandelten Inhalte mehrmals mit Schülerinnen und Schülern großteils erfolgreich durchgearbeitet. Die Rückmeldungen daraus waren sehr hilfreich dabei, die Inhalte hier verständlich und gut nachvollziehbar zu formulieren. Die beiden Computeralgebra-Systeme `wxMaxima` [wxMaxima] und `GeoGebra` [GeoGebra] haben sich beim Nachrechnen und Lösen der Aufgaben sehr bewährt.

Zum Inhalt

In dem Buch werden — ausgehend von Einsteins drei grundlegenden Behauptungen — verschiedene Aspekte der Speziellen Relativitätstheorie entwickelt.
Alle relevanten Sachverhalte und Fragen werden — soweit möglich — zuerst graphisch mit Diagrammen dargestellt und gelöst. Die rechnerischen Lösungen folgen dann dem graphischen Lösungsweg.

Nach einer kurzen Einleitung in **Kapitel 1** werden die Axiome der Newton'schen Mechanik in **Kapitel 2** vorgestellt.

Anschließend wird in **Kapitel 3** die Spezielle Relativitätstheorie für einfache Massenpunkte entwickelt. Ausgehend von den Einstein'schen Axiomen erfolgt die Herleitung der *Zeitdilatation*. Es wird erklärt, wie und warum man Uhren synchronisieren muss und wie die Zeitmessung durchzuführen ist. Aus diesen Überlegungen folgt, wie man Längen zu messen hat, und damit auch die *Längenkontraktion*. Damit sind alle Grundlagen gelegt, welche zum Verständnis von verschiedenen *»Paradoxa«* der Speziellen Relativitätstheorie notwendig sind.

Durch das Studium der behandelten Paradoxa ergeben sich neue Einsichten zur *Addition von Geschwindigkeiten* und dem *optischen Dopplereffekt*.
Als Folge dieser neuen Erkenntnisse werden der *relativistische Impuls*, die *relativistische Masse* und die *relativistische Energieformel* hergeleitet. Der relativistische inelastische Stoß zweier Teilchen bildet die abschließende Anwendung der gewonnenen Einsichten.

Wie das Buch zu lesen ist

Der Inhalt ist linear gegliedert, sodass zum Verständnis eines Sachverhalts immer nur die vorangehenden Seiten relevant sind.[1] Sollten Verweise auf nachfolgende Seiten vorkommen, so dienen diese bei einem mehrmaligen Durcharbeiten des Buches der Orientierung und verhelfen vielleicht dadurch zu einem umfassenderen und besser vernetzten Verständnis der Inhalte.

Besonders erwähnenswerte Sachverhalte werden in Form von Merksätzen wie hier in Rahmen mit schattiertem Hintergrund dargestellt.

Im Verlauf des Buches werden 33 Übungsaufgaben gestellt, die Lösungen finden sich im Anhang B auf Seite 75.

AUFGABE 1: Nutzen wir gleich den Platz: In welchem Jahr formulierte Albert Einstein die Grundideen zur Speziellen Relativitätstheorie?

Danksagung

Mein besonderer Dank gilt meinen Eltern, die mir das Studium der Physik ermöglicht haben, meiner Frau und meinen Kindern, für die Zeit und die Ermunterungen zum Schreiben dieses Buches.

Ganz besonders hervorheben möchte ich auch meine LehrerInnen und ProfessorenInnen, die mir oft mit großer Geduld verschiedene Sachverhalte sowie Vorgangsweisen beim Lehren und dem wissenschaftlichen Arbeiten vorgelebt haben. Wollte ich alle namentlich erwähnen, so würde die Danksagung recht lang werden. Stellvertretend für viele, nenne ich hier nur Mag. Herbert Eder, Dr. Johann Fellner, Dr. Christoph Leubner, Dr. Josef Rothleitner, Dr. Jörg Pfleiderer sowie Dr. Erwin Hochmair und Dr. Inge Hochmaier.

Nicht vergessen werden dürfen auch meine Schülerinnen und Schüler, mit denen ich das vorliegende Konzept zur Erklärung der Speziellen Relativitätstheorie erproben durfte und die gerne ausdauernd diverse Fragestellungen diskutiert haben.

Am Ende möchte ich mich auch bei allen Leserinnen und Lesern bedanken, welche das Buch kritisch studieren und die mich auf eventuelle Ungereimtheiten oder Fehler hinweisen werden. Meine Mailadresse findet sich im Impressum. Für diese Auflage habe ich geplant, in unregelmäßigen Abständen eine Lose-Seiten-Sammlung von Errata für alle herauszugeben, die mir Rückmeldung zum Buch liefern.

Martin Zwicknagl
Kirchbichl, im August 2019

[1] Meist werden Referenzen inklusive Seitenzahlen zu den wichtigen Sachverhalten angegeben.

Inhaltsübersicht

1 Einleitung

1.1 Allgemeines zu Messungen

Im Allgemeinen kann man in der klassischen Physik und auch in der Relativitätstheorie zwei verschiedene Arten von Messungen unterscheiden:

- Messen durch Abzählen: Als Beispiele dafür kann man die Anzahl von Protonen und Neutronen im Atomkern, die Anzahl der Teilchen in einer chemischen Reaktion oder auch die Ladung (als Vielfache der Elementarladung) anführen. Diese Art der Messung — obwohl sie technisch extrem anspruchsvoll sein kann — ist intuitiv leicht verständlich.

- Messen durch Vergleichen: Dabei wird eine vorgegebene Größe mehr oder weniger willkürlich als Einheit festgelegt. Die zu messende Größe wird dann in Vielfachen[1] des Standards angegeben.

Messgrößen können miteinander kombiniert werden. So setzt sich zum Beispiel die Messung der Geschwindigkeit aus einer Kombination von Längen- und Zeitmessung zusammen.
Derzeit scheint es in den Naturwissenschaften so zu sein, dass man für eine umfassende Beschreibung der Welt nur sieben Basisgrößen — man nennt diese auch SI-Basiseinheiten — braucht. Also ist die physikalische Beschreibung der Welt sehr einfach.

AUFGABE 2: Recherchieren Sie die sieben Basisgrößen und beschreiben Sie diese kurz. Gehen Sie auch auf die Art der Messung ein.

AUFGABE 3: Aus welcher Kombination von Basisgrößen setzt sich die Beschleunigung zusammen?

AUFGABE 4: Aus welcher Kombination von Basisgrößen kann man die Anzahl von Elektronen, die pro Sekunde durch einen Leiter fließen, bestimmen?

[1] Mit Vielfachen sind hier auch Bruchteile gemeint.

AUFGABE 5: Aus welchen SI-Einheiten setzt sich die Größe Newton zusammen? Wie muss man die Einheiten kombinieren, damit man Newton erhält?

AUFGABE 6: Welche Größen werden durch Zählen bestimmt?

Betrachtet man physikalische Systeme, so erkennt man, dass zur Beschreibung Größen gebraucht werden, welche sich im Laufe der Beobachtung nicht ändern (z. B. die Masse von zwei Stoßpartnern). Größen solcher Art werden **Eigenschaften** genannt.
Auf der anderen Seite gibt es jedoch auch Größen, die sich im Laufe der Beobachtung ändern. Solche Größen sollen **Zustände** genannt werden.
Achtung: In der Quantenelektrodynamik (QED) versteht man unter einem Zustand etwas anderes! In der QED nennt man solche Größen **Observablen**.

AUFGABE 7: Denken Sie an zwei gleiche Kugeln, die elastisch aufeinanderstoßen. Nennen Sie physikalische Eigenschaften und Zustände der Kugeln.
Achtung: In der Frage wurde nicht angegeben, dass der Stoß zentral sein muss. Stellen Sie sich am besten zwei Billardkugeln vor.

1.2 Vorsilben für Maßeinheiten — die SI-Präfixe

Die Physik beschäftigt sich mit unvorstellbar kleinen Bruchteilen und ebenso mit bemerkenswert großen Vielfachen der Basiseinheiten.
Damit die Zahlen lesbar bleiben, verwendet man entweder die aus der Mathematik (7. Schulstufe) bekannte Zehnerpotenzschreibweise oder auch Präfixe[2] zur Basiseinheit.
Die SI-Präfixe sind international einheitlich definiert. Das Anwenden eines Präfixes bedingt nur eine Verschiebung des Kommas.

[2] neutr.; lat. praefixum, von praefixus (-a, -um), dem PPP von praefigere; dt. vorangestellt

Tafel 1.1 *Übersicht über die SI-Präfixe [SI-Brochure, vgl. Kapitel 3]*

Zahl	P	Name	Quelle		Wort
10^{24}	Y	Yota	acht	1 000 000 000 000 000 000 000 000	Quadrillion
10^{21}	Z	Zetta	sieben	1 000 000 000 000 000 000 000	Trilliarde
10^{18}	E	Exa	sechs	1 000 000 000 000 000 000	Trillion
10^{15}	P	Peta	fünf	1 000 000 000 000 000	Billiarde
10^{12}	T	Tera	vier	1 000 000 000 000	Billion
10^{9}	G	Giga	Riese	1 000 000 000	Milliarde
10^{6}	M	Mega	groß	1 000 000	Million
10^{3}	k	Kilo	tausend	1 000	Tausend
10^{2}	h	Hekto	hundert	100	Hundert
10^{1}	da	Deka	zehn	10	Zehn
1	—	—	—	1	Eins
10^{-1}	d	dezi	zehnter	0,1	Zehntel
10^{-2}	c	centi	hundertster	0,01	Hundertstel
10^{-3}	m	milli	tausendster	0,000 1	Tausendstel
10^{-6}	μ	mikro	klein	0,000 000 1	Millionstel
10^{-9}	n	nano	Zwerg	0,000 000 000 1	Milliardstel
10^{-12}	p	piko	klein	0,000 000 000 000 1	Billionstel
10^{-15}	f	femto	15	0,000 000 000 000 000 1	Billiardstel
10^{-18}	a	atto	18	0,000 000 000 000 000 000 1	Trillionstel
10^{-21}	z	zepto	sieben	0,000 000 000 000 000 000 000 1	Trilliardstel
10^{-24}	y	yokto	acht	0,000 000 000 000 000 000 000 000 1	Quadrillionstel

2 Die klassische Mechanik nach Newton

2.1 Messungen klassisch

2.1.1 Die Bestimmung der Masse

In der Newton'schen Mechanik wird streng genommen zwischen zwei verschiedenen Ausprägungen der Masse unterschieden.

1. Zum einen ist die Masse ein Maß für das Bestreben eines Körpers, seinen Bewegungszustand nicht zu ändern. Dieser Effekt wird auch **Trägheit** genannt.

2. Zum anderen ist die Masse auch für die Anziehung von Massen (Erde – Mond, Apfel – Erde) verantwortlich. Dieser Effekt heißt **Gravitation**, auf der Erdoberfläche wird er »Gewicht« genannt.

In diesem Buch werden zur Unterscheidung der beiden Ausprägungen die Symbole m_T für die »träge« Masse und m_S für die »schwere« Masse verwendet.

Abbildung 2.1 *Skizze des Urkilogramms*

Die Einheit der Masse wird als Kilogramm bezeichnet. Anders als bei allen anderen SI-Basiseinheiten dürfen vor der Basiseinheit kg keine SI-Präfixe gesetzt werden. Ein Zehntel eines Kilogramms darf also *nicht* als 1 dkg (Dezikilogramm) bezeichnet werden, sondern muss als 0,1 kg, 100 g, 1 hg (»Hektogramm«) oder 10 dag (»Dekagramm«) angegeben werden.
Als einzige SI-Basiseinheit war das Kilogramm bis zum 20. Mai 2019 als *materieller Prototyp* definiert. Das bedeutet, dass alle anderen für Wiegeoperationen verwendeten Massenstücke mit dem Urkilogramm kalibriert werden mussten.
Seit dem Weltmetrologietag 2019 ist das Kilogramm über das Plank'sche Wirkungsquantum h definiert. Es gibt mehrere Realisierungen, mit denen man die Masse bestimmen kann:

- eine bestimmte Anzahl von Atomen des Isotops ^{28}SI,
- durch den Vergleich von elektrischer und mechanischer Leistung.

AUFGABE 8: Welche Nachteile entstanden aus der Definition der Masse mithilfe des Urkilogramms? Beschreiben Sie dazu, welche Fehlerquellen es beim Vergleichen eines Massenstückes mit dem Urkilogramm geben kann.

2.1.2 Die Längenmessung

Als Längeneinheit wurde von 1889 bis 1960 ein besonderer Stab — das sogenannte *Urmeter* — verwendet. Von diesem Stab wurden dreißig Kopien angefertigt und an Mitgliedsstaaten verlost (siehe Abschnitt 3.3 auf Seite 29).[UrmeterWiki]
Große Firmen und wissenschaftliche Institutionen durften anschließend Kopien des Urmeters herstellen (diese Kopien waren naturgemäß etwas länger oder kürzer als das Original). Weniger wichtige Firmen und kleinere Institute durften Kopien von den Kopien anfertigen (die dann natürlich noch ungenauer waren). Am Ende dieser Kette von Kopien stand der Konsument, z. B. mit seinem Geodreieck.

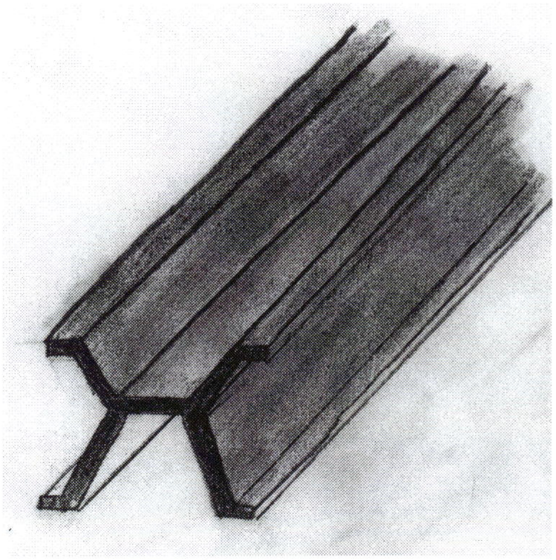

Abbildung 2.2 *Skizze des Urmeters*

Für dieses Kapitel ist diese Methode der Längenmessung ausreichend. Es sollen hier noch keine abstrakten Konzepte eingeführt werden.
Die Vorteile der Neudefinition des Meters aus dem Jahr 1960 wird in Abschnitt 3.3 auf Seite 29 genauer besprochen.

AUFGABE 9: Finden Sie weitere Nachteile der Längenmessung mit dem Urmeter.

2.1.3 Die Zeitmessung

Für das Leben des Menschen ist die Tageslänge sicherlich eine wichtige Zeiteinheit. Schon die Babylonier teilten den Tag in 24 gleich große Teile, die Stunden genannt wurden. (Bemerkenswert ist auch, dass schon die Babylonier sieben Tage zu einer Woche zusammengefasst haben.)
Aber auch der Mond beeinflusst (mit Ebbe und Flut) das Leben auf der Erde sehr stark. Betrachtet man jeweils den Tagesbeginn und das Auftreten der Gezeiten, so erkennt man, dass diese nicht immer zur gleichen Zeit stattfinden.

Auch die Jahreszeiten sind für den Menschen wichtig. (Man denke nur an die Frage: Wann beginnen die Sommerferien?)
Nennt man eine Abfolge von vier Jahreszeiten ein Jahr, so erkennt man, dass sich die Jahreszeiten nach ungefähr vier Jahren um einen Tag verschieben. Das klingt nach nicht viel, dennoch ergibt dies nach 400 Jahren schon 100 Tage (oder genauer 96 Tage), also etwas mehr als drei Monate. Die Sommerferien würden sich dadurch auf den Herbst verschieben.

Es gibt in der Natur noch weitere, für den Menschen wichtige, sich *periodisch wiederholende Vorgänge.*
So gut wie allen diesen Vorgängen gemeinsam ist, dass ihre Periodendauern keine Vielfachen voneinander sind. Ja, sogar noch schlimmer, es gibt auch keinen größten gemeinsamen Teiler, den man als Basiseinheit verwenden könnte.
Als Beispiele dafür können der Monat (dieser entspricht ungefähr 29,53 Tagen oder 29d 12h 44min 3s) und das Jahr (dieses entspricht etwa 365,242 190 4 Tagen [JahrWiki, vgl. tropisches Jahr] oder 365d 5h 48min 45,2505... s) dienen.

Daher gibt es keine natürliche, vorgegebene Einheit, welche für die Zeitmessung benutzt werden kann. Unsere Zeit (und unser Leben) richtet sich immer noch nach uralten Vorgaben. Irgendwer im Altertum (Sumerer, Babylonier, Ägypter, ...) hat die Stunde in 60 gleiche Teile, die Minuten, unterteilt.
Aus den Schriften von al-Bīrūnī wissen wir, dass bereits um das Jahr 1000 n. Chr. die Minute wiederum in 60 Teile, in Sekunden, unterteilt wurde [Biruni1000, vgl. S. 147–149].
Viele Jahrhunderte lang haben die Sekunden als kleinste Einheit ausgereicht, um den Menschen wichtige Ereignisse vorherzusagen. Damit konnten Mond- und Sonnenfinsternisse, der Beginn der Jahreszeiten usw. berechnet werden.

Mit der zunehmenden Präzisierung der Technik und der Wissenschaften wurde es erforderlich, die Länge eines Tages (und damit auch die Länge einer Sekunde) genauer zu definieren, da sich erwiesen hat, dass die Tageslänge im Laufe eines Jahres variiert, je nach dem, wie weit die Erde von der Sonne entfernt ist. Zudem werden die Tage tendenziell sogar länger, sodass zusätzlich in unregelmäßigen Abständen einzelne Schaltsekunden eingefügt werden müssen, damit sich der Mittag nicht zu sehr vom Zeitpunkt des höchsten Sonnenstandes entfernt.

Bis 1976 war die Sekunde der $24 \cdot 60 \cdot 60$ste Teil eines mittleren Sonnentages[1].

Zur aktuellen Definition der Sekunde wurde nicht mehr die Dauer eines sich periodisch wiederholenden astronomischen Vorgangs als willkürliche Einheit festgelegt, sondern es wurde die Eigenheit von Atomen, unter bestimmten Bedingungen Strahlung auszusenden[2], verwendet. Die Frequenz dieser Strahlung lässt sich technisch leicht messen und daraus kann eine Periodendauer bestimmt werden.

[1] Sonnentag siehe https://de.wikipedia.org/wiki/Sonnentag

[2] Eine Beschreibung dieses Phänomens liefert die QED, aber man kann das Phänomen auch ohne Quantenphysik für die Zeitmessung verwenden.

Genauer gesagt: Es wurde willkürlich das Caesium Isotop ^{133}Cs ausgewählt und bei diesem wurde die Dauer eines leicht zu messenden Übergangs verwendet. Diese Dauer wird mit der Zahl 9 192 631 770 multipliziert, damit die »neue« Sekunde sehr genau mit der »alten« Sekunde (aus der ersten Hälfte des zwanzigsten Jahrhunderts) übereinstimmt.

AUFGABE 10: Wie hängen Periodendauer und Frequenz zusammen?

2.2 Ruhende Bezugssysteme in der klassischen Mechanik

Unter einem Bezugssystem versteht man in der Physik eine mathematische Beschreibung, welche erlaubt, verschiedene Messgrößen eindeutig anzugeben.
Ein leicht vorstellbares Bezugssystem ist das dreidimensionale kartesische Koordinatensystem (mit drei aufeinander rechtwinkligen Achsen). Auf jeder Achse werden in gleichmäßigen Abständen Markierungen angebracht.
Normalerweise verwendet man auf den Achsen die SI-Basiseinheit Meter.
In der Tat reicht dieses Bezugssystem für sehr viele Beschreibungen aus.

AUFGABE 11: Legen Sie in einem Raum drei Richtungen rechtwinklig zueinander fest. Nehmen Sie einen Stab und nennen Sie ihn Stabmeter. Bestimmen Sie die Höhe des Raumes, die Größe der Tür und evtl. vorhandener Fenster in Stabmetern (=Vielfachen des Stabes).

AUFGABE 12: Welches Koordinatensystem verwendet man in der Geographie, um Orte auf der Erdkugel zu beschreiben? Erklären Sie dieses System.

2.3 Beschreibung von Bewegungen

Man bezeichnet den Ort eines Massenpunktes mit s. Allgemein gilt der Zusammenhang, dass die Geschwindigkeit v eines Massenpunktes gleich seiner momentanen Ortsänderung

$$v = \dot{s} = \frac{\mathrm{d}s}{\mathrm{d}t} = \frac{\Delta s}{\Delta t} \tag{2.1}$$

und seine Beschleunigung a gleich seiner momentanen Geschwindigkeitsänderung ist:

$$a = \dot{v} = \frac{\mathrm{d}v}{\mathrm{d}t} = \ddot{s} = \frac{\mathrm{d}^2 s}{\mathrm{d}t^2} = \frac{\Delta v}{\Delta t}\,. \tag{2.2}$$

2.3.1 Eindimensionale Bewegungen

Wenn sich ein Massenpunkt in eine Richtung mit konstanter Geschwindigkeit v bewegt, so nennt man diese Bewegung *gleichförmig.*

Es gilt:

$$s(t) = v \cdot t + s_0 \,. \tag{2.3}$$

In der obigen Formel stehen s_0 für den Startort und v für die Geschwindigkeit.
Graphisch lässt sich dieser Zusammenhang mit einer Geraden im s-t-Diagramm identifizieren (siehe Abbildung 2.3.1). Die Steigung der Geraden ist die Geschwindigkeit.

Wenn ein Massenpunkt in eine Richtung konstant mit a beschleunigt wird, so gilt:

$$s(t) = \frac{1}{2} \cdot a \cdot t^2 + v_0 \cdot t + s_0 \,. \tag{2.4}$$

In der obigen Formel bezeichnen s_0 den Startort, v_0 die Anfangsgeschwindigkeit und a die Beschleunigung.
Graphisch lässt sich dieser Zusammenhang mit einer Parabel im s-t-Diagramm darstellen (siehe Abbildung 2.3.2).
Die Herleitung dieses Zusammenhangs findet sich z. B. in [Dorn07].

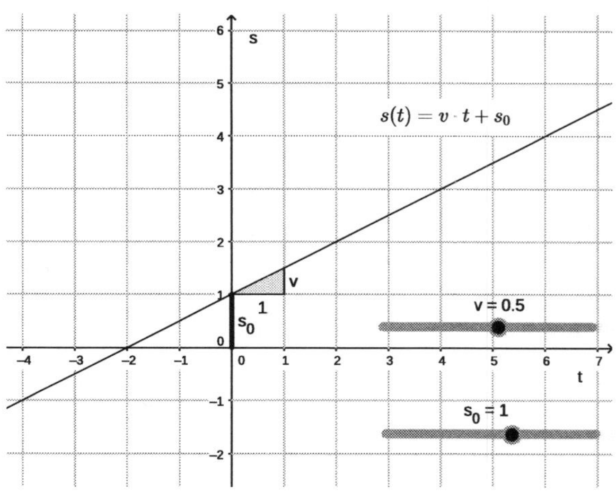

2.3.1. s-t-Diagramm eines gleichförmig bewegten Massenpunktes

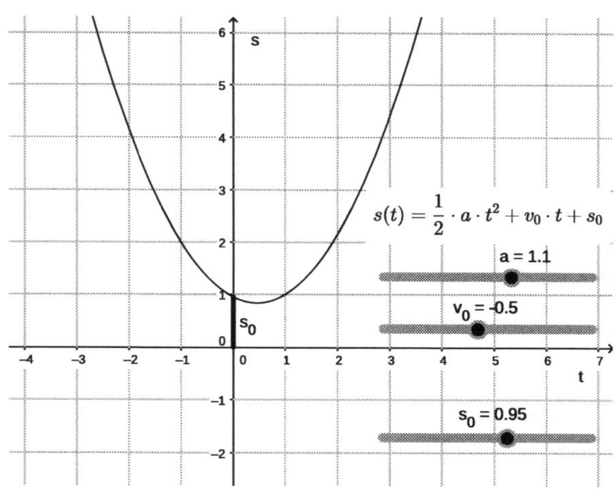

2.3.2. s-t-Diagramm eines konstant beschleunigten Massenpunktes

Abbildung 2.3 *s-t-Diagramme von Massenpunkten*

Bewegungsaufgaben

Im Folgenden sollen zwei Musteraufgaben zur Bewegung graphisch und rechnerisch gelöst werden.

Aufgabe: Aufholjagd
Ein Auto startet um 15:00 Uhr und fährt konstant mit 50 km/h nach Westen; um 15:30 Uhr startet an der gleichen Stelle ein zweites Auto. Wie schnell muss das zweite Auto fahren, damit es das erste Auto nach 120 km Fahrtstrecke überholen kann?

Graphische Lösung:
Zur Lösung wird ein s-t-Diagramm mit der Ortskurve (Geraden) gezeichnet, welche die Bewegung des ersten Autos beschreibt (siehe Abbildung 2.4).
Dann wird der Treffpunkt T der beiden Autos bestimmt. Die Koordinaten von T geben sowohl den Zeitpunkt als auch den Ort des Treffens an.
Als Nächstes wird der Startpunkt S des zweiten Autos markiert.
Die Verbindungsgerade der beiden Punkte T und S ergibt die Ortskurve, welche die Bewegung des zweiten Autos beschreibt. Die Steigung dieser Geraden ist dann die gesuchte Geschwindigkeit.

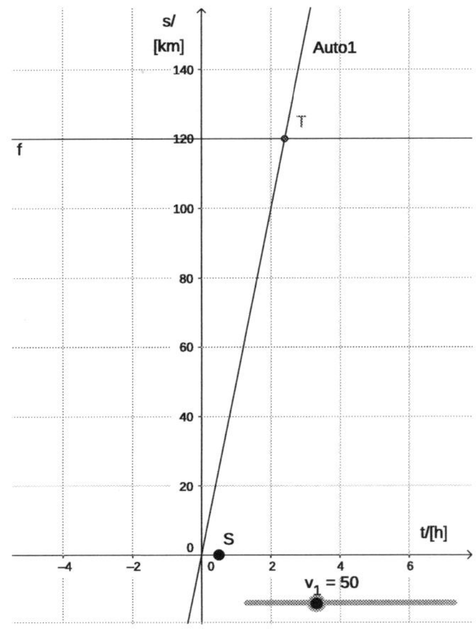

Abbildung 2.4 *Aufholjagd*

Rechnerische Lösung: Der Treffpunkt T enthält sowohl die Ortskoordinate als auch den Zeitpunkt des Treffens.
Aus dem s-t-Diagramm in Abbildung 2.4 werden Gleichungen erstellt:

$$\begin{aligned} \text{I:} \quad & s_1(t) = v_1 \cdot t + 0\,, \\ \text{II:} \quad & s_2(t) = v_2 \cdot (t - 0{,}5) + 0\,, \\ \text{III:} \quad & 120 = v_1 \cdot T\,, \\ \text{IV:} \quad & s_1(T) = s_2(T)\,. \end{aligned}$$

Als Lösung ergibt sich:

$$T = \frac{120\text{km}}{50\text{km/h}} = 2{,}4\text{h}\,,$$

$$120 = s_2(T) = v_2 \cdot (T - 0{,}5)\,,$$

und somit als Lösung für $v_2 = \frac{120\text{km}}{(2{,}4-0{,}5)\text{h}} \approx 63{,}2\text{km/h}$.

Aufgabe: Treffen in der Mitte
Anton und Berta wohnen 50 km voneinander entfernt. Beide wollen sich um 12:00 Uhr zum Mittagessen genau auf halber Strecke treffen.
Anton fährt um 10:30 Uhr, Berta erst um 11:00 Uhr ab.
Wie schnell müssen beide fahren?

Es wird wieder ein s-t-Diagramm (siehe Abbildung 2.5) erstellt. Für die Mittagszeit wird der Zeitpunkt $t = 0$ gewählt und es werden im Diagramm die Punkte M (Treffpunkt), A (Startpunkt Anton) und B (Startpunkt Berta) eingetragen.
Anschließend wird A mit M verbunden. Die Steigung der Geraden ist die Geschwindigkeit von Anton.
Als Letztes wird B mit M verbunden und so kann die Geschwindigkeit von Berta bestimmt werden (welche negativ ist).

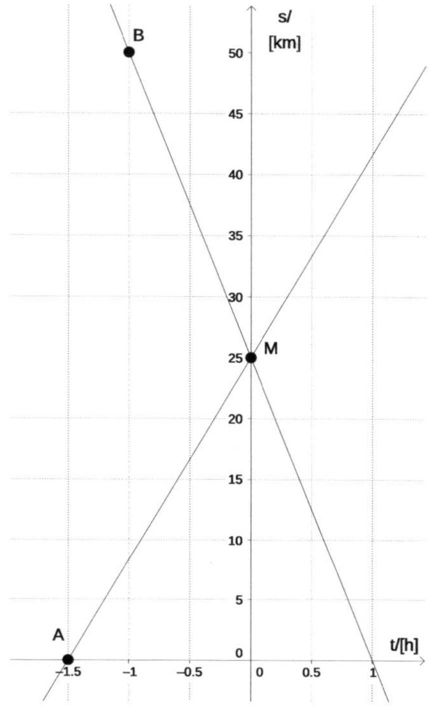

Abbildung 2.5 *Mittagessen*

Rechnerische Lösung:
Aus dem s-t-Diagramm in Abbildung 2.5 werden die folgenden Gleichungen erstellt:

$$\begin{aligned} \text{I:} \quad & s_\text{A}(t) = v_\text{A} \cdot (t + 1{,}5)\,, \\ \text{II:} \quad & s_\text{B}(t) = v_\text{B} \cdot (t + 1) + 50\,, \\ \text{III:} \quad & s_\text{A}(0) = 25\,, \\ \text{IV:} \quad & s_\text{B}(0) = 25\,. \end{aligned}$$

Somit ergibt sich:

$$v_\text{A} = \frac{25\text{km}}{1{,}5\text{h}} \approx 16{,}7\text{km/h}\,,$$

$$v_\text{B} = \frac{(25 - 50)\text{km}}{1\text{h}} = -25\text{km/h}\,.$$

2.3.2 Mehrdimensionale Bewegungen — Das Superpositionsprinzip

Orte werden in einem Bezugssystem mit Vektoren beschrieben.
Ändern sich bei der Bewegung eines Körpers mehrere Koordinaten, so kann die Bewegung aufgrund der Rechenregeln der Vektorrechnung für jede Koordinate einzeln berechnet werden. Die Ergebnisse für jede Richtung werden am Ende zu einem Gesamtergebnis (in Vektorform) zusammengefasst.
Man nennt diese Eigenschaft des Raumes auch das *Superpositionsprinzip*.

2.3.3 Bewegte Bezugssysteme — Die Galilei-Transformation

Eine ruhende Beobachterin bemerkt, dass ein Auto in einer Stunde die Strecke von 40 km zurücklegt. Es bewegt sich nach Westen. An der ruhenden Beobachterin fährt ein Zug mit der Geschwindigkeit von 80 km/h in Ost-Richtung vorbei.
Welche Geschwindigkeit beobachtet ein im Zug mitfahrender Passagier für das Auto?

Der Zeitpunkt 0 wird so gewählt, dass Zug und Auto nebeneinander im Ort 0 sind.
Grundvoraussetzung: Zeit vergeht für alle Beobachterinnen und Passagiere gleich!

Zuerst werden die Ortskurven für s_{Auto} und s_{Zug} gezeichnet. (Hier wurde gewählt, dass Zug und Auto in verschiedene Richtungen fahren.), dann wird das Steigungsdreieck ABC mit der Geschwindigkeit des Autos als Steigung konstruiert. Der Punkt A markiert die Position des Autos nach einer Stunde.

Es sollen die Ortskurven s_{Z2} und s_{Z3} von zwei weiteren hypothetischen Zügen eingezeichnet werden, die 80 km bzw. 160 km vor dem ersten Zug fahren.
Man erkennt, dass diese beiden Ortskurven parallel zu s_{Zug} sind.

Nun soll das Auto betrachtet werden: Das Auto ist nach einer Stunde im Punkt A. Ein Zug, der nach einer Stunde am selben Ort wie das Auto ist, wäre 120 km vom ersten Zug entfernt.

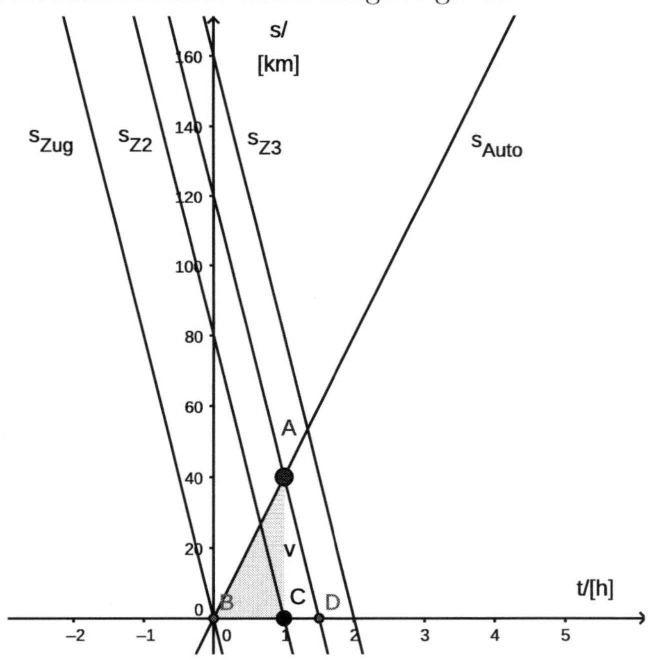

Abbildung 2.6 *Galilei-Transformation*

Das Auto hat daher nach einer Stunde den gleichen Abstand wie ein Zug, der 120 km vom ersten Zug entfernt fahren würde. Nach zwei Stunden hätte das Auto den gleichen Abstand wie ein Zug, der 240 km vom ersten entfernt fahren würde. Daher ist die Geschwindigkeit des Autos aus der Sicht des Passagiers im Zug 120 km/h.

Zusammengefasst ergibt sich folgendes Verfahren: Im bewegten Bezugssystem eines Beobachters haben Geraden, die parallel zur Ortskurve des Beobachters sind, immer den gleichen räumlichen Abstand zum Beobachter. Deshalb nennt man diese Geraden gleichortig.
Will man den Ort und die Zeit eines Punktes im bewegten System bestimmen, so zeichnet man rechtwinklig zur Zeit-Achse eine Gerade. Der Schnittpunkt der Geraden mit der Zeit-Achse ergibt die Zeit(koordinate). Für die Ortskoordinate schaut man, welche Gleichortigkeitslinie durch den Punkt geht, und liest damit die Ortskoordinate ab.

AUFGABE 13: Lösen Sie die vorherige Aufgabe mit der Annahme, dass der Zug und das Auto in dieselbe Richtung fahren.

2.4 Newtons Axiome

In diesem Buch wird nur die Mechanik von Massenpunkten behandelt.

2.4.1 Das 0. Axiom — Die Mathematik

Dieses Axiom bestimmt die Messvorschriften für Längen, Zeiten und Massen so, wie es im Abschnitt 2.1 auf Seite 5 erklärt wurde, und dass das Superpositionsprinzip (siehe Abschnitt 2.3.2 auf der vorherigen Seite) gilt.

Kurz gesagt:

Das 0. Axiom gibt die *Messvorschriften* und die *Rechengesetze* vor.

2.4.2 Das 1. Axiom — Der Trägheitssatz — Inertialsysteme

Für Massenpunkte formuliert: Ein Massenpunkt ändert seine Geschwindigkeit nicht, wenn keine Kraft auf ihn wirkt — oder wenn sich alle auf ihn wirkenden Kräfte aufheben.

Wenn sich eine Beobachterin in einem Bezugssystem befindet, in dem dieses Axiom gilt, dann nennt man dieses Bezugssystem ein **Inertialsystem**.

Hinweis:
Befindet sich eine Beobachterin in einem rotierenden Bezugssystem (z. B. in einem Karussell), so gilt das 1. Axiom offensichtlich nicht.
Es gibt aber einen Trick, damit man trotzdem das 1. Axiom anwenden darf: Man führt eine *Scheinkraft* ein. Diese Scheinkraft ist nur dazu da, die Abweichung der Beobachtung an das 1. Axiom anzupassen. Man nennt diese im zweidimensionalen Fall die Zentrifugal- und im dreidimensionalen Fall die Coriolis-»Kraft«.

Dieses Einführen von Scheinkräften ist physikalisch sehr unbefriedigend, weil man dadurch keine weiteren Erkenntnisse gewinnt. Im Gegenteil, zur Bestimmung der Scheinkräfte braucht man trotzdem noch immer die Inertialsysteme[3].
Daher ist es einfacher, in einem Inertialsystem zu arbeiten.

Bemerkung: Alle Inertialsysteme sind gleichberechtigt. In jedem wirken dieselben Kräfte und es gelten dieselben Bewegungsgleichungen.

2.4.3 Wechsel des Inertialsystems

»Die Galilei-Transformation, benannt nach Galileo Galilei[4], ist die einfachste Koordinatentransformation, mit der physikalische Aussagen von einem Bezugssystem in ein anderes umgerechnet werden können. Sie ist anwendbar, wenn die beiden Bezugssysteme sich durch eine geradlinig-gleichförmige Bewegung, konstante Verdrehung und/oder eine Verschiebung in Raum oder Zeit unterscheiden. Alle Beobachtungen von Strecken, Winkeln und Zeitdifferenzen stimmen in beiden Bezugssystemen überein; alle beobachteten Geschwindigkeiten unterscheiden sich um die konstante Relativgeschwindigkeit der beiden Bezugssysteme.
Die Galilei-Transformation ist grundlegend für die klassische Mechanik, denn sie beschreibt dort die Transformation zwischen zwei Inertialsystemen.« [GalileiWiki]

In Abschnitt 2.3.3 auf Seite 12 wurde die graphische Lösung der Galilei-Transformation bereits gezeigt.
Für die rechnerische Lösung soll nur der Fall betrachtet werden, dass sich zwei kartesische Bezugssysteme in x-Richtung auseinander — mit $v > 0$ — bewegen. In beiden Bezugssystemen soll zum Zeitpunkt 0 der Koordinatenursprung zusammenfallen ($t = t' = 0; x = x' = 0$). Dann sind die Formeln für die Galilei-Transformation:

$$x' = x - v \cdot t\,, \qquad x = x' + v \cdot t\,, \tag{2.5}$$

$$y' = y\,, \qquad y = y'\,, \tag{2.6}$$

$$z' = z\,, \qquad z = z'\,, \tag{2.7}$$

$$t' = t\,, \qquad t = t'\,. \tag{2.8}$$

Aufgabe 14: Leiten Sie die Formeln der Galilei-Transformation aus dem Abschnitt 2.3.3 auf Seite 12 her.

[3] Bei der Zentrifugal-»Kraft« benötigt man die Drehgeschwindigkeit zu einem Inertialsystem.
[4] Galileo Galilei (* 15. Februar 1564 in Pisa; † 29. Dezember 1641^{jul}/ 8. Januar 1642$^{\text{greg.}}$ in Arcetri bei Florenz)

Bei der Galilei-Transformation bleiben manche physikalische Größen unverändert, manche ändern ihren Wert.

Tafel 2.1 *Verhalten von Messgrößen bei der Galilei-Transformation*

Größe	Verhalten
Zeit	invariant
Zeitdauer	invariant
Ort	relativ
Strecke	invariant
Winkel	invariant
Geschwindigkeit	relativ
Masse	invariant
Beschleunigung	invariant
Impuls	relativ
kinetische Energie	relativ

2.4.4 Geschwindigkeitsaddition

Es soll ein einfacher Vorgang aus der Sicht eines inertialen Beobachters[5], z. B. an einem Bahnhof, betrachtet werden.
Dieser Beobachter sieht ein weiteres Inertialsystem, z. B. einen gleichmäßig durchfahrenden Zug. Der erste Beobachter stellt fest, dass der Zug eine bestimmte Geschwindigkeit, die man $v_{\text{BahnhofZug}}$ nennt, hat.
Im zweiten Inertialsystem sitzt wieder eine Beobachterin, die jetzt einen dort gleichförmig rollenden Ball betrachtet. Sie misst eine Geschwindigkeit von v_{ZugBall}.
Wenn der erste Beobachter am Bahnhof die Geschwindigkeit des Balls $v_{\text{BahnhofBall}}$ misst, ergibt sich die Newton-Galilei'sche Geschwindigkeitsaddition:

$$v_{\text{BahnhofBall}} = v_{\text{BahnhofZug}} + v_{\text{ZugBall}} \,. \qquad (2.9)$$

2.4.5 Das 2. Axiom — Das Aktionsprinzip — Die Dynamik

Das 2. Axiom beschreibt, wie ein Massenpunkt auf Kräfte reagiert.
Der Zusammenhang lautet:

$$F = m_{\text{T}} \cdot a \,. \qquad (Dynamik) \qquad (2.10)$$

In der Formel 2.10 beschreibt F die Gesamtkraft auf die Masse. Die Trägheit wird durch m_{T} beschrieben und in Kilogramm gemessen.

[5] Das bedeutet, dass der Beobachter ruhend in einem Inertialsystem ist.

Eine besondere Kraft ist die Schwerkraft, welche auf der Erdoberfläche auch als Gewichtskraft bezeichnet wird. Dieses Gewicht wird mit der Formel $G = m_\text{S} \cdot g$ berechnet. Die Masse, auf welche die Schwerkraft wirkt, wird mit m_S bezeichnet. Genaue Messungen haben keinen Unterschied im Zahlenwert von m_S und m_T gezeigt. Daher kann man schreiben: $m_\text{T} = m_\text{S}$.

AUFGABE 15: Geben Sie ein Experiment an, mit dem man die *träge* Masse m_T und *schwere* Masse m_S einer Probemasse getrennt bestimmen kann.

2.4.6 Das 3. Axiom — Reaktionsprinzip

Actio est Reactio.

Das 3. Axiom besagt: Wenn der Massenpunkt A auf den Massenpunkt B die Kraft $F_{\text{A}\to\text{B}}$ und der Massenpunkt B auf den Massenpunkt A die Kraft $F_{\text{B}\to\text{A}}$ ausübt, dann ist $F_{\text{A}\to\text{B}} = -F_{\text{B}\to\text{A}}$.

Hinweis: Das 3. Axiom besagt nicht, dass die Kräfte im selben Punkt angreifen!

2.5 Erhaltungssätze

2.5.1 Impulserhaltungssatz

Aus den vier Axiomen kann der Impulserhaltungssatz formuliert werden:

Die Summe der Impulse von zwei Massen ist vor und nach einer Wechselwirkung gleich groß, wenn keine Kräfte von außen auf die beiden Massen einwirken oder sich diese Kräfte gegenseitig aufheben.

Der Beweis des Impulserhaltungssatzes aus dem 3. Newton'schen Axiom kann folgendermaßen ausgeführt werden:

$$\begin{aligned} F_{\text{A}\to\text{B}} &= -F_{\text{B}\to\text{A}} \quad | \cdot \Delta t \qquad (2.11) \\ m_\text{A} \cdot \Delta v_\text{A} &= -m_\text{B} \cdot \Delta v_\text{B} \\ m_\text{A} \cdot (v'_\text{A} - v_\text{A}) &= -m_\text{B} \cdot (v'_\text{B} - v_\text{B}) \\ m_\text{A} \cdot v'_\text{A} + m_\text{B} \cdot v'_\text{B} &= m_\text{A} \cdot v_\text{A} + m_\text{B} \cdot v_\text{B} \\ p'_\text{A} + p'_\text{B} &= p_\text{A} + p_\text{B}\,. \quad \blacksquare \qquad \text{(Impulserhaltungssatz)} \end{aligned}$$

Die Impulse vor der Wechselwirkung (z. B. einem Stoß) sind p_A und p_B, nachher p'_A und p'_B.

2.5.2 Schwerpunktsatz

Aus dem Impulserhaltungssatz folgt auch der Schwerpunktsatz:

> Der Schwerpunkt eines Systems von Massen bewegt sich gleichförmig, wenn keine äußeren Kräfte auf die Massen einwirken oder sich diese Kräfte gegenseitig aufheben.

Im Folgenden wird ein Beweis des Schwerpunktsatzes gezeigt:
Die Koordinaten des Schwerpunkts S von zwei Massen m_A und m_B, die sich mit den Geschwindigkeiten v_A und v_B bewegen, sind in einem Inertialsystem festgelegt mit:

$$S = \frac{m_\mathrm{A} v_\mathrm{A} t + m_\mathrm{B} v_\mathrm{B} t}{m_\mathrm{A} + m_\mathrm{B}} . \qquad \text{(Schwerpunkt)}$$

Damit und mithilfe des Impulses p sollen die Koordinaten des Schwerpunktes von zwei Massen berechnet werden:

$$\begin{aligned} S &= \frac{m_\mathrm{A} v_\mathrm{A} t + m_\mathrm{B} v_\mathrm{B} t}{m_\mathrm{A} + m_\mathrm{B}} = \\ &= \frac{p_\mathrm{A} t + p_\mathrm{B} t}{m_\mathrm{A} + m_\mathrm{B}} = \\ &= (p_\mathrm{A} + p_\mathrm{B}) \frac{t}{m_\mathrm{A} + m_\mathrm{B}} \end{aligned} \qquad (2.12)$$

und nach Gleichung (Impulserhaltungssatz) auf der vorherigen Seite gilt somit:

$$S = (p_\mathrm{A} + p_\mathrm{B}) \frac{t}{m_\mathrm{A} + m_\mathrm{B}} = (p'_\mathrm{A} + p'_\mathrm{B}) \frac{t}{m_\mathrm{A} + m_\mathrm{B}} . \quad \blacksquare \qquad (2.13)$$

3 Die Einstein'sche Mechanik

3.1 Axiome der SRT

3.1.1 Relativitätsprinzip in der SRT

In zwei verschiedenen Bezugssystemen, welche sich zueinander mit konstanter Geschwindigkeit bewegen, gelten dieselben Naturgesetze [Einstein56, vgl. §5].

Erläuterungen dazu:

1. Bezugssysteme dürfen zueinander verdreht sein, sie dürfen jedoch *nicht* zueinander rotieren.

2. Man nennt die Bezugssysteme, in denen die Gesetze die einfachste Form haben, *Inertialsysteme*.

3. Einstein argumentiert, dass bisher (im Jahre 1956) alle physikalischen Erkenntnisse diesem Axiom gehorchten und es daher sinnvoll sei, diesen Sachverhalt in Form eines Axioms zu formulieren [Einstein56, vgl. §5, §7].

3.1.2 Konstanz der Lichtgeschwindigkeit

Die Lichtgeschwindigkeit im Vakuum ist für jeden Beobachter konstant und hat den exakten Wert $c = 299\,792\,458\,\mathrm{m/s}$ [Einstein56, vgl. §7].

Erläuterungen dazu:

1. Das Axiom gilt unabhängig davon, ob Licht von einem — zum Beobachter — bewegten oder ruhenden Sender ausgestrahlt wird!

2. Einstein argumentiert, dass dieses Axiom sinnvoll sei, und zitiert dazu den holländischen Astronomen De Sitter [Einstein56, vgl. §7].

3. Das Axiom gilt für alle Farben.

4. Das Axiom gilt daher auch für alle Wellenlängen des Lichts.

5. Das Axiom gilt für das gesamte elektromagnetische Spektrum von sehr langwelliger Wärmestrahlung bis zur kürzestwelligen Gammastrahlung.

6. Das Axiom gilt unabhängig von der Richtung.

7. Der Wert von c wurde so gewählt, weil er den besten damaligen Messungen — mit den damals gültigen Definitionen von Meter und Sekunde — entsprach. Jetzt ist dieser Wert kein Messwert mehr, sondern fix festgelegt.

   Aus der Festlegung von c und der Definition der Sekunde ergibt sich die Einheit Meter (siehe Abschnitt 3.3 auf Seite 29).

3.1.3 Impuls und dessen Erhaltung

Der Impuls p eines Teilchens ist definiert als $p = m \cdot v$. Die Summe der Impulse mehrerer Teilchen ist vor und nach einer Wechselwirkung gleich groß.

Erläuterungen dazu:

1. Dieses Axiom besagt nicht, dass der Impuls beobachter*un*abhängig ist.

2. Aus diesem Axiom folgt der Impulserhaltungssatz.

3. Aus dem Impulserhaltungssatz folgt der Schwerpunktsatz.

4. Dieses Axiom öffnet den Weg zu einer relativistischen Betrachtung der Masse (siehe Abschnitt 3.11 auf Seite 58).

3.1.4 Folgerungen aus den ersten beiden Axiomen

Wenn also die Lichtgeschwindigkeit für alle Beobachter, unabhängig von der Bewegung des Senders, gleich groß ist, dann kann die Geschwindigkeitsaddition der Newton'schen Mechanik und damit die Gleichung (2.9) auf Seite 15 nicht stimmen[1]. Unabhängig davon, wie groß die Geschwindigkeiten $v_{\mathrm{BahnhofZug}}$, v_{ZugBall} und $v_{\mathrm{BahnhofBall}}$ sind, sie müssen immer kleiner oder gleich c sein.
Daher müssen die folgenden Beziehungen gelten:

$$v_{\mathrm{BahnhofBall}} \leq v_{\mathrm{BahnhofZug}} + v_{\mathrm{ZugBall}}\,, \tag{3.1}$$

$$v_{\mathrm{BahnhofBall}} \geq v_{\mathrm{BahnhofZug}}\,, \tag{3.2}$$

$$v_{\mathrm{BahnhofBall}} \geq v_{\mathrm{ZugBall}}\,, \tag{3.3}$$

$$v_{\mathrm{BahnhofBall}} \leq c\,, \tag{3.4}$$

$$v_{\mathrm{BahnhofZug}} \leq c\,, \tag{3.5}$$

$$v_{\mathrm{ZugBall}} \leq c\,. \tag{3.6}$$

[1] Der Einfachheit halber kann man annehmen, dass alle Bewegungen in die gleiche Richtung gehen. Es gibt also keine negativen Geschwindigkeiten.

Geht man von der Annahme aus, dass die Geschwindigkeiten $v_{\text{BahnhofZug}}$ und v_{ZugBall} kleiner als c sind und dass zuerst das Verhältnis $v_{\text{BahnhofZug}} : c = 0$ ist und sich dann langsam immer mehr an $v_{\text{BahnhofZug}} : c \approx 1$ annähert, erkennt man, dass die Gleichung 2.9 auf Seite 15 nicht stimmen kann.

AUFGABE 16: Beschreiben Sie diese Annahme und die Folgerung mit Worten.

Aus den Gleichungen (3.1) bis (3.6) sieht man, dass $v_{\text{BahnhofBall}}$ mit steigendem $v_{\text{BahnhofZug}}$ immer weniger zunehmen kann — egal, wie groß v_{ZugBall} ist.

Daher wird die Lichtgeschwindigkeit c auch Grenzgeschwindigkeit genannt. Keine Geschwindigkeit eines Teilchens, welche in einem beliebigen anderen Inertialsystem gemessen werden kann, ist größer als c.
Die größte erreichbare Geschwindigkeit ist die Lichtgeschwindigkeit c.

Diese Erkenntnis wird in Abschnitt 3.2 und Abschnitt 3.4 auf Seite 36 wieder verwendet.

Dass die klassische Geschwindigkeitsaddition ((Gleichung (2.9) auf Seite 15)) nicht stimmt, bedeutet hingegen *nicht* automatisch, dass sich die ersten beiden Einstein'schen Axiome widersprechen.
Die Newton'sche Geschwindigkeitsaddition ist eine Folgerung aus dem Relativitätsprinzip *und* dem 0. Newton'schen Axiom.
Einsteins Idee war, die offensichtlich falschen Ergebnisse der klassischen Geschwindigkeitsaddition nicht dem Relativitätsprinzip anzulasten. Stattdessen schrieb er die Unzulänglichkeit dem 0. Newton'schen Axiom zu.

3.2 Zeitmessung — Zeitdilatation — Uhrengerüst

Das 0. Newton'sche Axiom wurde so modifiziert, dass die gewohnten Rechenregeln innerhalb eines Inertialsystems unverändert bleiben.
So dürfen in einem Inertialsystem weiterhin drei Raumachsen — x, y und z — verwendet werden.[2]

[2] In diesem Buch wird nur das kartesische Koordinatensystem verwendet. Zylinder- oder Kugelkoordinaten bringen außer mathematischen Rechenfertigkeiten keinerlei neue Erkenntnisse.

Da sich zwei Inertialsysteme nur genau in einer Richtung zueinander bewegen, können die Koordinatensysteme in beiden Systemen so ausgerichtet (gedreht) werden, dass die Bewegung nur entlang der x-Achse stattfindet.
Möchte man in so ausgerichteten Bezugssystemen einen Raumpunkt beschreiben, so unterscheiden sich die Koordinaten nur in der x-Komponente. Die y- und z-Koordinaten bleiben unverändert.

Es hat sich eingebürgert, die Koordinaten im »ruhenden« System ohne (z. B. x) und die Koordinaten im bewegten System mit Apostroph (z. B. x') zu kennzeichnen.

3.2.1 Lichtuhren

Als erste Änderung zur klassischen Physik führte Einstein eine Präzisierung der Zeitmessung ein.
Dazu benutzte er ein Gedankenexperiment: die Lichtuhr. Er verwendete zwei Spiegel, zwischen denen ein Photon[3] reflektiert wird. Bei einem vorgegebenen Abstand der beiden Spiegel kann durch Zählen der Reflexionen — ähnlich wie mit einem Pendel — die Zeit bestimmt werden. Im Folgenden wird diese Lichtuhr »Original-Lichtuhr« genannt.

AUFGABE 17: Angenommen, im Labor ist eine solche Lichtuhr aufgebaut, bei der Photonen 10^8 mal in der Sekunde hin und her reflektiert werden.
Wie weit müssten die beiden Spiegel voneinander entfernt sein?

3.2.2 Wie misst man die Zeitdauer eines Vorgangs, der am selben Ort stattfindet?

Startet und endet ein Vorgang am selben Ort, so kann die Dauer des Vorgangs mit derselben Uhr gemessen werden. Man muss nur die Anzahl der Reflexionen vom Start bis zum Ende des Vorgangs zählen.

3.2.3 Die Uhrensynchronisation — Wie misst man die Zeitdauer eines Vorgangs, der an einem Ort einsetzt und an einem anderen Ort endet?

Beginnt ein Vorgang am Ort A und endet am Ort B, könnte eine Uhr mitbewegt und mithilfe der Gleichung (Zeitdilatation) auf Seite 27 die Dauer des Vorgangs im ruhenden System berechnet werden.

[3]Damit geht Einstein implizit von einem Teilchenmodell des Lichts aus. Etwa gleichzeitig hat Einstein mit seinem Teilchenmodell des Lichts die *Quantentheorie* mit begründet, wofür ihm auch der Nobelpreis verliehen wurde.

Dazu müssten aber folgende Bedingungen erfüllt sein:

1. In der Gleichung (Zeitdilatation) auf Seite 27 ist die Geschwindigkeit der Uhr angegeben. Damit eine Geschwindigkeit bestimmt werden kann, müsste eine Ortsveränderung gemessen werden. Längen können nur gemessen werden, wenn der Anfang und das Ende **gleichzeitig** bestimmt sind.

2. Die Gleichung (Zeitdilatation) auf Seite 27 gilt nur für gleichförmig bewegte Uhren. Die Uhr müsste also zum Startzeitpunkt in A starten und sich dann gleichförmig zu B bewegen und beim Ende des Vorgangs in B eintreffen.

Um diese beiden Schwierigkeiten zu bewältigen, kann zur Bestimmung der Zeitdauer auf eine weitere geniale Idee Einsteins zurückgegriffen werden.
Bevor man Zeiten an unterschiedlichen Orten bestimmt, stellt man an allen relevanten Orten zueinander ruhende, identische Uhren auf und synchronisiert diese miteinander. So entsteht ein **synchronisiertes Uhrengerüst**.

Wie bestimmt man, ob zwei Uhren zueinander in Ruhe sind?
Der ruhende Beobachter (=Original-Lichtuhr) misst mehrmals die Zeitdauer, die ein Lichtstrahl zu einer bestimmten anderen Lichtuhr und von dort zurück braucht.
Wenn diese Zeitdauern immer gleich groß sind, ruht die Uhr. Werden sie größer, entfernt sie sich, werden sie kleiner, nähert sie sich.

Uhrensynchronisation

Die Poincaré[4]-Einstein-Uhrensynchronisation wird mithilfe eines Raum-Zeit-Diagramms erklärt:

Der mit t bezeichnete Pfeil stellt die Weltlinie der ruhenden Original-Lichtuhr dar. Dabei gibt die Spitze des Pfeils die Zeitrichtung vor, d. h. weiter oben ist es später.
Die mit c bezeichnete Gerade stellt die Weltlinie eines Photons dar. Der Winkel zwischen t und der Lichtlinie ist *beliebig*, wird aber in diesem Buch mit *45° gezeichnet.*

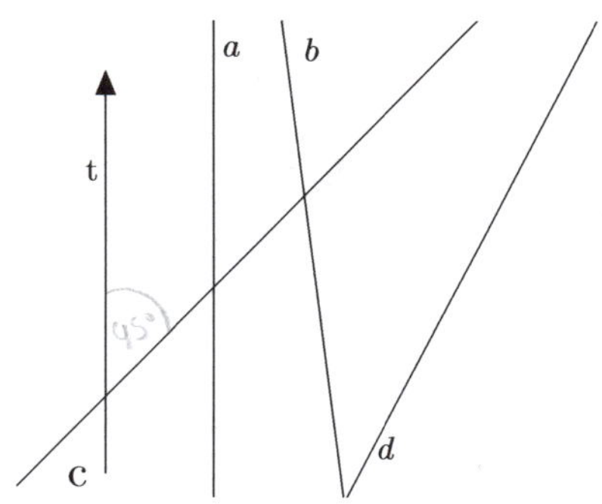

Abbildung 3.1 *Weltlinien von gleichförmig bewegten Uhren*

Die Linien von a, b und d stellen die sogenannten Weltlinien der drei Objekte A, B und D dar. Wichtig ist, dass auch für Objekte auf den Weltlinien die Zeit vergeht (oben ist später).

[4] Jules Henri Poincaré (* 29. April 1854 in Nancy; † 17. Juli 1912 in Paris) war ein bedeutender französischer Mathematiker, theoretischer Physiker, Astronom und Philosoph.

Das zur Originaluhr ruhende Objekt A hat eine zu t parallele Weltlinie. Das Objekt B, welches eine nach links geneigte Weltlinie hat, bewegt sich auf die Originaluhr zu, D daher von der Originaluhr weg.

Da kein Objekt eine größere Geschwindigkeit als die Lichtgeschwindigkeit haben kann, darf keine Weltlinie stärker als die Lichtlinie geneigt sein!

AUFGABE 18: Welches der drei Objekte in Abbildung 3.1 auf der vorigen Seite hat die größte Geschwindigkeit relativ zur Uhr?

Nachdem hiermit geklärt wurde, wie man ruhende Uhren identifiziert, stellt sich die Frage: **Wie führt die Original-Uhr die Synchronisierung mit jeder anderen ruhenden Uhr durch?**

In Abbildung 3.2 sind die Weltlinien zweier zueinander ruhender Uhren t und t_1 dargestellt. Die Weltlinien sind im Raum-Zeit-Diagramm parallel. Die Original-Uhr sei t und die zu synchronisierende Uhr t_1. Im ersten Schritt startet in der Original-Uhr ein Photon, welches sich zur zu synchronisierenden Uhr t_1 mit Lichtgeschwindigkeit auf einer Lichtlinie[5] bewegt.

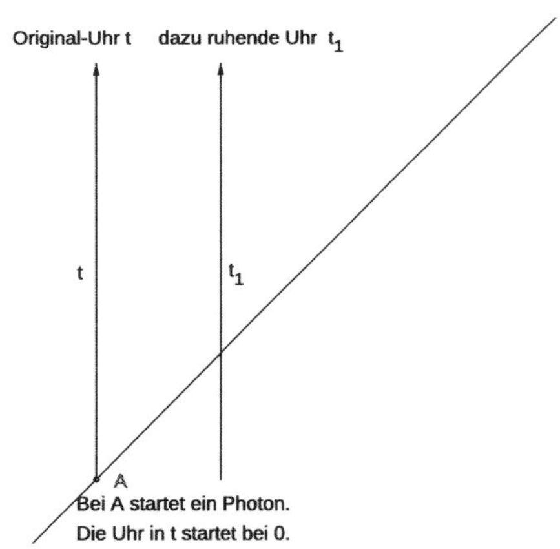

Abbildung 3.2 *Uhrensynchronisation 1. Schritt*

[5]Zur Erinnerung: Die Steigung der Lichtlinien wurde willkürlich auf 45° festgelegt.

Dieses erste Photon trifft nach einer gewissen Zeit bei t_1 ein (Abbildung 3.3). Mit diesem Ereignis wird die Uhr in t_1 gestartet und gleichzeitig dazu wird ein zweites Photon zur Original-Uhr zurückgeschickt. Dieses bewegt sich ebenfalls auf einer Lichtlinie. Aus Symmetriegründen muss diese Lichtlinie einen gleich großen, negativen Winkel wie die Lichtlinie des ersten Photons zur Weltlinie der Original-Uhr haben.
Achtung: Die Lichtlinien der beiden Photonen schließen zwar einen Winkel von 90° ein, dieser ist aber nur deswegen ein rechter Winkel, weil die Neigung einer Lichtlinie willkürlich mit 45° eingezeichnet wurde!

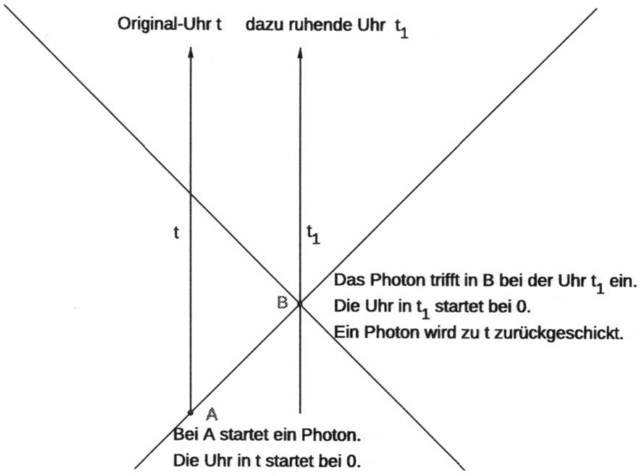

Abbildung 3.3 *Uhrensynchronisation 2. Schritt*

Die Original-Uhr tickt und im Punkt E trifft das zweite Photon, welches von der Uhr t_1 ausgesendet wurde, ein. Die Original-Uhr kann damit die Zeitdauer von Photon-zur-anderen-Uhr-und-Photon-zurück bestimmen (siehe Abbildung 3.4).
Diese Zeitdauer wird T genannt. Aus Symmetriegründen nimmt man die Zeit $T/2$ als die Zeit, die das erste Photon hin und das zweite Photon her benötigt hat.

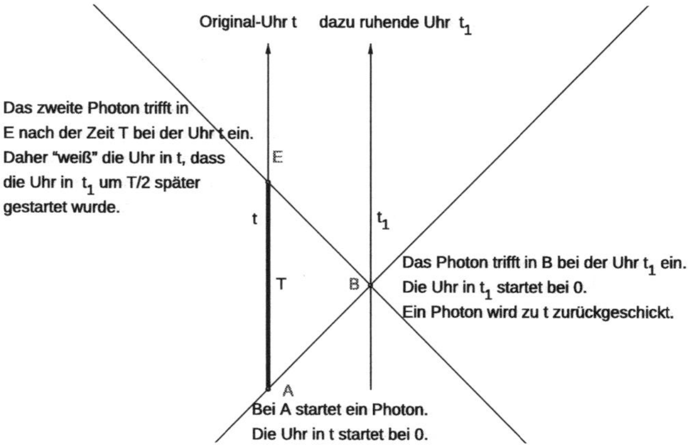

Abbildung 3.4 *Uhrensynchronisation 3. Schritt*

Dann sendet die Original-Uhr ein drittes Photon zur Uhr t_1. Dieses Photon beinhaltet die Information, dass sich die zweite Uhr um $T/2$ vor stellen soll.

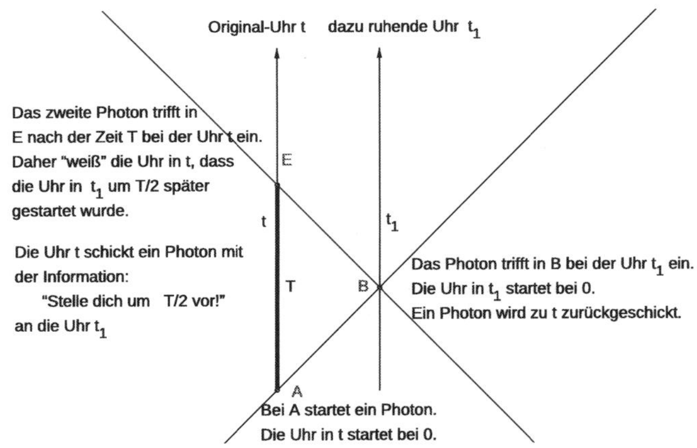

Abbildung 3.5 *Uhrensynchronisation 4. Schritt*

Wenn dieses dritte Photon bei t_1 ankommt (siehe Abbildung 3.6), stellt sich die Uhr t_1 um die Zeit $T/2$ vor. Damit sind die beiden Uhren synchronisiert.

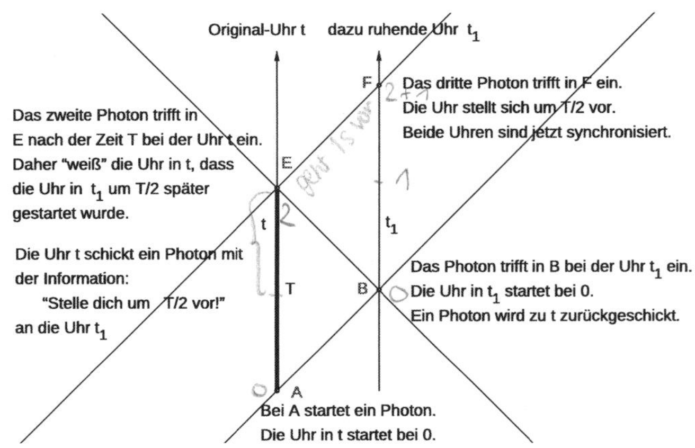

Abbildung 3.6 *Uhrensynchronisation 5. Schritt*

Es lässt sich theoretisch zeigen, dass es verschiedene weitere sinnvolle Vorschriften zur Synchronisierung von Uhren gibt. Zwar ändern sich dadurch Messergebnisse, aber physikalische Ereignisse und Gesetze bleiben unverändert.

Zur Bestimmung der Dauer eines Vorgangs verwendet man synchronisierte Uhren. Man stellt die Startzeit an der Uhr im Punkt A und die Endzeit an der Uhr im Punkt B fest. Die Dauer ist die Differenz der beiden Zeiten.

Hinweis: Bei der Bestimmung von Zeitdauern können sich so, je nach Synchronisation der Uhren, unterschiedliche Werte ergeben! Zeitdauern, die nicht am gleichen Ort gemessen werden, hängen von der willkürlich festgelegten Synchronisation ab!

3.2.4 Die Zeitdilatation — Was passiert mit einer Lichtuhr, wenn sie bewegt wird?

In Abbildung 3.7 sind zwei Uhren eingezeichnet, die jeweils beim Ankommen eines Lichtstrahls weiterzählen. Die linke Uhr bewegt sich nach rechts, die rechte Uhr ruht. Der Weg, den ein Lichtstrahl der bewegten Uhr bei seiner Auf- und Abbewegung zurücklegt, ist offensichtlich länger als der Weg bei der ruhenden Uhr. Wenn aber die Lichtgeschwindigkeit konstant ist, dann können beide Uhren nicht synchron laufen. Die bewegte Uhr zeigt weniger Zeit an als die ruhende. Dieses Verhalten wird *Zeitdilatation* genannt.

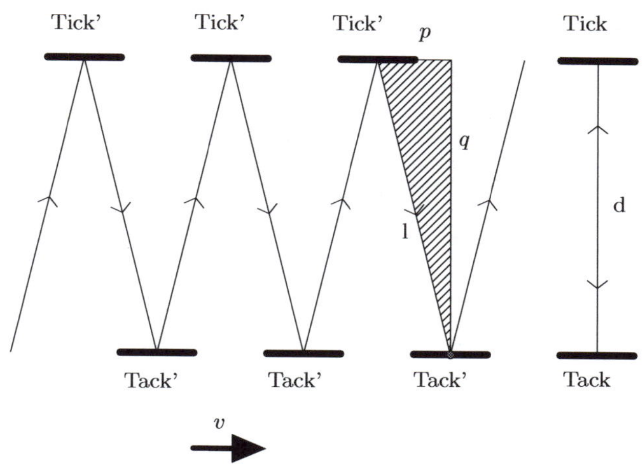

Abbildung 3.7 *Lichtuhren: links mit 25% der Lichtgeschwindigkeit bewegt, rechts ruhend*

Im Folgenden bezeichnet t' die Zeit (z. B. $1\,\text{s}'$) der bewegten Uhr für ein Tick'-Tack'. Während für die bewegte Uhr t' vergeht, zeigt die ruhende Uhr die Zeit t an. Es gilt $t > t'$, weil sich auf beiden Strecken l und d Photonen mit Lichtgeschwindigkeit fortbewegen und $l > d$ ist.
Es soll das schraffierte, rechtwinklige Dreieck mit den Seiten p, q und l der bewegten Uhr betrachtet werden, wenn diese genau ein Tick'-Tack' durchführt. Für die ruhende Uhr vergeht dabei die Zeit t.
Im ruhenden Bezugssystem gemessen, beträgt die Länge[6] der Hypotenuse $l = \sqrt{p^2 + q^2} = c \cdot t$ und für die Länge der Kathete p gilt $p = v \cdot t$.
Die Länge von q kann aufgrund der Konstanz der Lichtgeschwindigkeit *nicht* $q = c \cdot t$ sein, denn dann wäre $t = t'$. Es wurde schon festgestellt, dass für das Photon von Tick' zu Tack' die Zeit t' vergeht. Daher ist die Länge von q gegeben mit $q = c \cdot t'$.
Somit ergibt sich folgender Zusammenhang:

$$l^2 = p^2 + q^2\,,$$
$$(c \cdot t)^2 = (v \cdot t)^2 + (c \cdot t')^2\,.$$

Umstellen liefert als Ergebnis die Formel für die Zeitdilatation:

$$t = \frac{t'}{\sqrt{1 - \frac{v^2}{c^2}}}\,. \qquad \text{(Zeitdilatation)}$$

[6] Längen, die nicht zur Bewegungsrichtung orthogonal sind, dürfen nur im ruhenden System gemessen werden, weil nur im ruhenden System die Newton'schen Regeln gelten (siehe Abschnitt 3.2 auf Seite 21).

Durch Einführung des dimensionslosen Faktors[7] $\gamma = \frac{1}{\sqrt{1-v^2/c^2}}$ ergibt sich:

$$t = \frac{t'}{\sqrt{1-\frac{v^2}{c^2}}} = \gamma \cdot t' . \qquad (3.7)$$

AUFGABE 19: Leiten Sie die Gleichung (Zeitdilatation) auf der vorherigen Seite her.

Interpretation der Formel:
Da $|v| < c$ sein muss, gilt $0 \leq \sqrt{1 - v^2/c^2} < 1$ und somit auch $\gamma \geq 1$.
Somit folgt $t \geq t'$.
In Worten: Wenn der Lichtstrahl sich im bewegten System einmal hin oder her bewegt, schafft der Lichtstrahl im ruhenden System mehr als die ganze Strecke.
Daher zeigt die Uhr im ruhenden System eine größere Zeitdauer an als die Uhr im bewegten System.[8]
Für Geschwindigkeiten nahe der Lichtgeschwindigkeit wird der Faktor γ beliebig groß ($\lim_{v\to c} \gamma = \infty$).
Für Geschwindigkeiten kleiner als 10% der Lichtgeschwindigkeit ist der Fehler der Zeitbestimmung kleiner als $\frac{1}{\sqrt{1-(0.1c/c)^2}} \approx 0.5\%$.
Wenn also bei kleinen Geschwindigkeiten mit den klassischen Formeln gerechnet wird, entsteht für die meisten Fälle ein vernachlässigbar kleiner Fehler.

HINTERGRUNDINFORMATIONEN ZUR NÄCHSTEN AUFGABE: Ein Myon ist ein Elementarteilchen, das dem Elektron sehr ähnlich ist. Es ist einfach negativ geladen, hat den gleichen Spin wie ein Elektron, besitzt jedoch eine 200-fach größere Masse.
Im Unterschied zum Elektron ist es nicht stabil. Es zerfällt in seinem Ruhesystem mit einer Halbwertszeit von $T_{1/2} = 2{,}2\,\mu s$ in ein Elektron, ein Myon-Neutrino und ein Elektron-Antineutrino.
Myonen sind ein Teil der kosmischen Höhenstrahlung[a]. Sie werden in der oberen Atmosphäre in einer Höhe von ca. 10 km erzeugt und bewegen sich mit einer Geschwindigkeit $v \approx 0{,}998c$. ⊗

[a] Viktor Franz Hess erhielt für die Entdeckung der Höhenstrahlung 1936 den Nobelpreis. Seine Forschungen hat er unter anderem in Innsbruck am Hafelekar durchgeführt. Man kann die Messstation am Hafelekar noch immer besichtigen.

[7] Dieser Faktor wird oft auch Lorentz-Faktor genannt.
[8] Oft wird dieser Sachverhalt auch ungenau mit dem Satz »Bewegte Uhren gehen langsamer.« beschrieben. Diese Formulierung schadet Lernenden aber mehr, als sie ihnen beim Verständnis hilft!

⊗ $\frac{1}{\sqrt{1-\frac{(0{,}998c)^2}{c^2}}}$

$t = \frac{1}{\sqrt{1-0{,}998^2}} \cdot 2{,}2 \cdot \mu s = 34{,}8\ \mu s$

↓ vergeht für den Beobachter

$s = c \cdot 34{,}8\ \mu s = 10433\,m$ ~> weg

AUFGABE 20: Die klassische Berechnung der Reichweite von Myonen ergibt, dass sie die Erdoberfläche nicht erreichen.
Tatsächlich können sie trotzdem auch auf der Erdoberfläche gefunden werden.
Zeigen Sie mithilfe der Zeitdilatation, dass sie die Erdoberfläche erreichen können.

3.3 Längenmessung — Längenkontraktion

Nachdem im Abschnitt 3.2 auf Seite 21 gezeigt wurde, dass die gemessene Zeit von der Relativbewegung der Bezugssysteme abhängig ist, kann nun die Längenmessung in Angriff genommen werden.

3.3.1 Längenmessung im ruhenden Bezugssystem

Aufgrund der Definition der Lichtgeschwindigkeit auf einen festen Wert und durch die Festlegung der Sekunde mit der Original-Lichtuhr ergibt sich ein Meter als die Strecke, welche ein Photon in einer Sekunde zurücklegt, geteilt durch die Lichtgeschwindigkeit.
Verdeutlicht werden kann dies wiederum mit einem Raum-Zeit-Diagramm.[9]
Aus Abbildung 3.6 auf Seite 26 erkennt man, dass ein Photon zwischen den beiden Lichtuhren die Zeit $T/2$ benötigt. Daher müssen diese auch einen Abstand haben, der mit $s = c \cdot t$ berechnet[10] werden kann.
Der Einfachheit halber führt man eine neue Längeneinheit ein: Die *Lichtsekunde* ist die Strecke, die das Licht in einer Sekunde zurücklegt.
Mit dieser Einheit sind die beiden Lichtuhren $T/2$ Lichtsekunden voneinander entfernt.

AUFGABE 21: Berechnen Sie die Länge einer Lichtsekunde.

[9]Man nennt solche Diagramme auch Minkowski-Diagramme, nach dem Physiker und Mathematiker Hermann Minkowski (* 22. Juni 1864 in Aleksotas, Russisches Kaiserreich, heute Kaunas, Litauen; † 12. Januar 1909 in Göttingen).
[10]Die Einheit ist damit Meter.

Als Nächstes überlegt man sich, wie der Abstand zweier Uhren im Raum-Zeit-Diagramm abgelesen werden kann.
Soll die Länge einer Strecke bestimmt werden, so müssen **der Anfangs- und der Endpunkt gleichzeitig im selben Bezugssystem** markiert werden. In Abbildung 3.8 sind drei ruhende Lichtuhren t, t_1 und t_2 dargestellt. Die Zeitpunkte A, B und C sind synchronisiert, also gleichzeitig, ebenso wie die Punkte G, H und I.
Für die Längen der Strecken gilt $b = d$ und $c = e$. Dies muss wohl so sein, weil die ruhenden Lichtuhren parallele Weltlinien haben.
Die beiden strichliert gezeichneten Linien geben die Weltlinien der zur Synchronisierung benötigten Photonen an.
Aus einfachen geometrischen Überlegungen folgt nun, dass die Strecken, welche die Abstände der Uhren kennzeichnen, rechtwinklig zu den Weltlinien der ruhenden Uhren gezeichnet werden müssen.

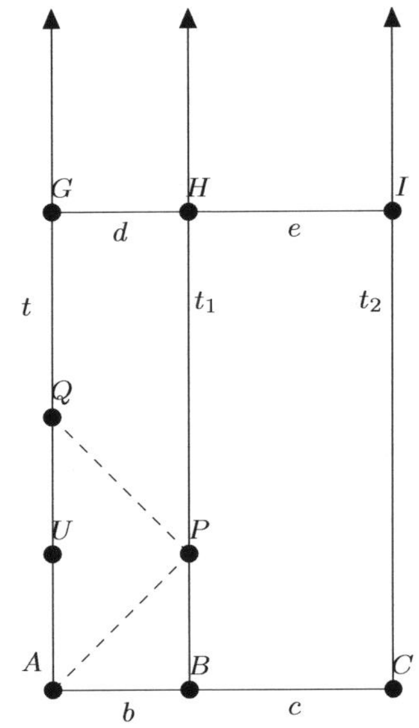

Abbildung 3.8 *Bestimmung der Länge mithilfe eines Raum-Zeit-Diagramms*

AUFGABE 22: Beweisen Sie, dass die Weltlinien der Uhren zu den Abständen rechtwinklig sind.

Beachten Sie: Für die Herleitung, dass Strecken im ruhenden Bezugssystem rechtwinklig zu den Weltlinien der Uhren gemessen werden, wurde die Einstein'sche Uhrensynchronisation verwendet.
Sollten die Uhren auf andere Weise synchronisiert werden, müssen Abstände aufgrund anderer Gleichzeitigkeit auch anders eingezeichnet werden.

Linien, die entlang der Weltlinie einer ruhenden Uhr verlaufen, bleiben ***am gleichen Ort***. Sie werden ***Gleichortigkeitslinien*** genannt.
Linien, die im ruhenden System rechtwinklig zu den Uhrenlinien verlaufen, sind ***gleichzeitig***. Sie werden ***Gleichzeitigkeitslinien*** genannt.

> AUFGABE 23: Wie würden Längen im ruhenden Bezugssystem gemessen werden, wenn die Lichtlinien 60° zu den Weltlinien der Uhren geneigt sind?

Mit diesen Erkenntnissen kann das Raum-Zeit-Diagramm nun mit einem Koordinatensystem versehen werden.
Dabei ist die Ortsachse 90° zur Zeitachse geneigt. Als Einheit verwendet man Vielfache der Lichtsekunde.
Die Weltlinien der ruhenden Uhr wird mit *ct* bezeichnet. Daraus folgt, dass die Einheit auf der Zeitachse ebenfalls eine Lichtsekunde ist.

1. Wenn nur Längen in einem Diagramm vorkommen, werden die Rechnungen leichter.
2. Damit die Diagramme einfacher werden und Lichtlinien 45° zu der Zeitachse haben, verwendet man auf der Zeitachse die gleichen Einheiten.

Wie ein solches Raum-Zeit-Diagramm aussieht, zeigt Abbildung 3.9. Besonders zu beachten sind die Achsenbeschriftungen.

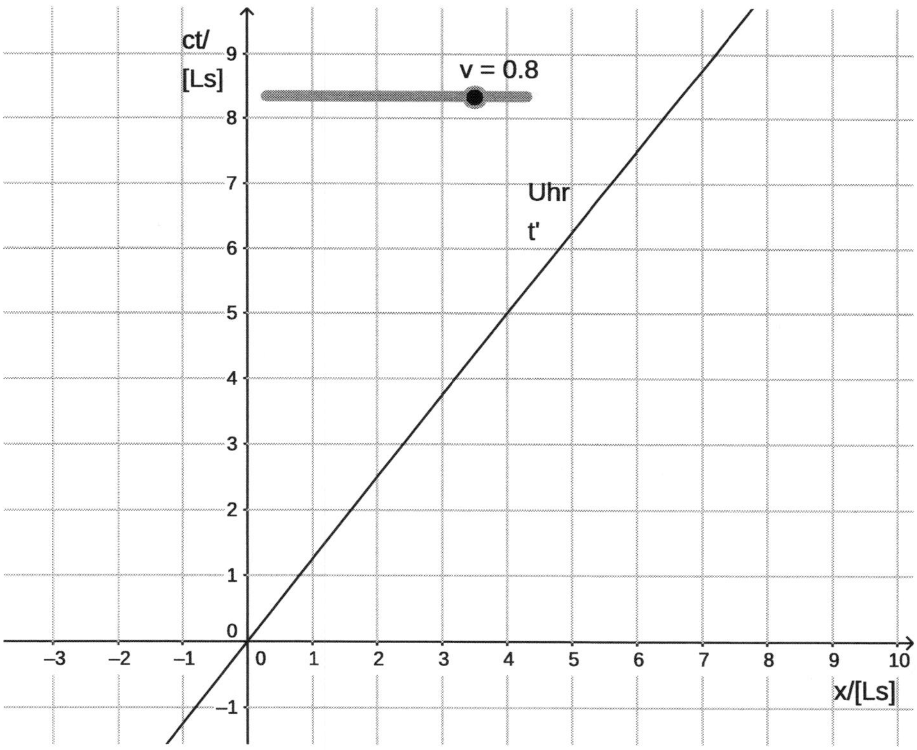

***Abbildung 3.9** Raum-Zeit-Diagramm einer bewegten Uhr*

> AUFGABE 24: Zeigen Sie, dass die Geschwindigkeit der bewegten Uhr in Abbildung 3.9 auf der vorigen Seite $v = 0{,}8 \cdot c$ ist.

3.3.2 Längenmessung in bewegten Systemen

Die in Abbildung 3.9 auf der vorherigen Seite dargestellte bewegte Uhr hat eine eigene Zeitmessung, daher gibt es auch eine eigene Uhrensynchronisation mit eigenen Gleichzeitigkeitslinien. Als erster Schritt bei der Längenmessung im bewegten System muss die Zeit t' im Raum-Zeit-Diagramm eingetragen werden. Dazu berechnet man mit der Gleichung (Zeitdilatation) auf Seite 27, wie viele Sekunden im ruhenden System vergehen, bis im bewegten System die Uhr einmal tickt: $t = \gamma \cdot 1\,\text{s}' = \frac{1}{\sqrt{1-0{,}8^2}} \cdot 1\,\text{s}' \approx 1{,}67\,\text{s}$.

Dann wird diese Zeit auf der ct-Achse im ruhenden System markiert und die dazu passende ruhende Uhr gesucht, welche zu dieser Zeit genau am Ort der bewegten Uhr ist[11] (siehe Abbildung 3.10). Diese Stelle markiert man mit der Bezeichnung $1\,\text{s}'$.

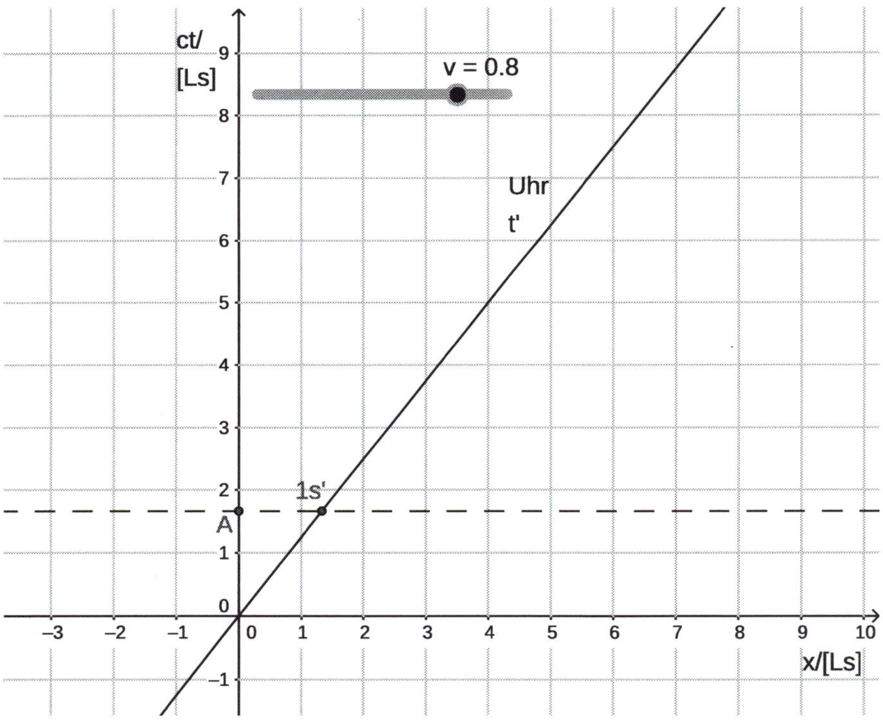

Abbildung 3.10 *Raum-Zeit-Diagramm mit der Uhrzeit einer bewegten Uhr*

[11] Es handelt sich hier um den Vorgang, welcher in Abschnitt 3.2.3 auf Seite 22 beschrieben wurde.

Als nächsten Schritt zur Längenmessung in bewegten Systemen findet man nun wieder die Gleichzeitigkeitslinien im bewegten Bezugssystem. Hierzu sendet die bewegte Uhr ein Photon zu einer anderen, sich gleich schnell bewegenden Uhr t'_2. Dieses Photon wird wieder zur Uhr t' reflektiert. Wenn das Photon nach 2 s′ bei t' ankommt, dann war die zweite Uhr 1 Ls′ im bewegten System entfernt (siehe Abbildung 3.11).

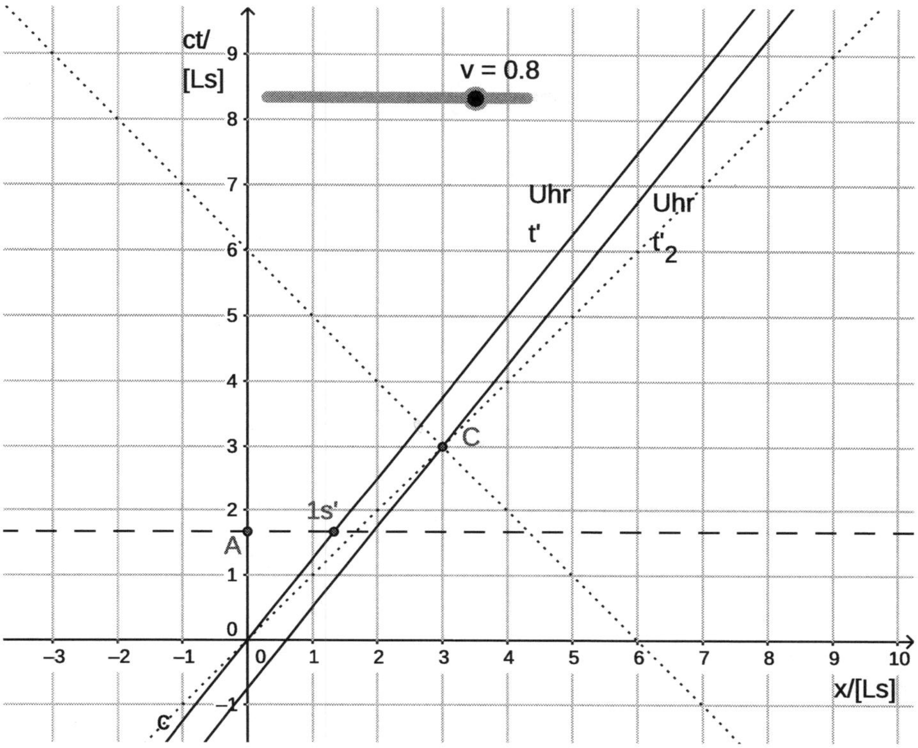

Abbildung 3.11 *Raum-Zeit-Diagramm mit zwei gleich bewegten Uhren, die den Abstand von* 1 Ls′ *haben*

Somit erhält man die Weltlinie einer zweiten Uhr t'_2, die mit t' mitbewegt ist, weil die beiden Weltlinien parallel sind. Beide Uhren haben im bewegten System den Abstand 1 Ls′.

Da im Punkt C in Abbildung 3.12 die zweite bewegte Uhr gestartet wurde, muss diese zweite Uhr jetzt um genau 1 s′ vorgestellt werden. Dann sind beide Uhren synchronisiert und die x'-Koordinatenachsen im bewegten System können eingezeichnet werden.

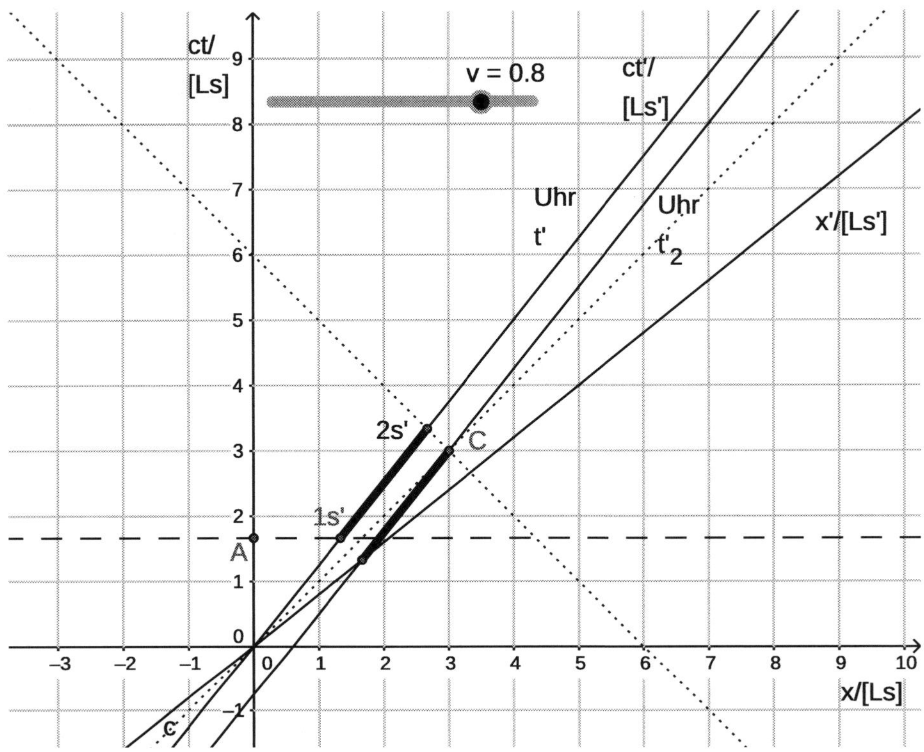

Abbildung 3.12 *Raum-Zeit-Diagramm mit zwei gleich bewegten Uhren, die den Abstand von* 1 Ls′ *haben, und den Koordinatenachsen des bewegten Systems*

3.3.3 Die Längenkontraktion — Was passiert mit einem Maßstab, wenn er bewegt wird?

Als Ausgangspunkt der Überlegungen dient die Abbildung 3.13 auf der nächsten Seite. Zur Erinnerung: Die beiden Uhren t' und t'_1 sind zueinander in Ruhe und haben einen Abstand von 1 Ls′ voneinander.
Die Koordinatenachsen im bewegten System sind ct' und x'.
Die beiden Punkte 1 s′ und 1 Ls′ geben jeweils den Einheitsabstand an.

Zur Berechnung des Abstands der beiden Uhren im ruhenden Bezugssystem kann man einen kleinen Trick anwenden. Die Konstruktion ergibt, dass 1 s′ und 1 Ls′ an der 1. Mediane

im bewegten System: 1
im ruhenden System: kürzer

gespiegelt sind[12]. Man kann also die Koordinaten von 1 s′ im ruhenden Bezugssystem berechnen und dann die beiden Koordinaten vertauschen, um den Abstand der beiden Uhren im ruhenden Bezugssystem zu bestimmen.

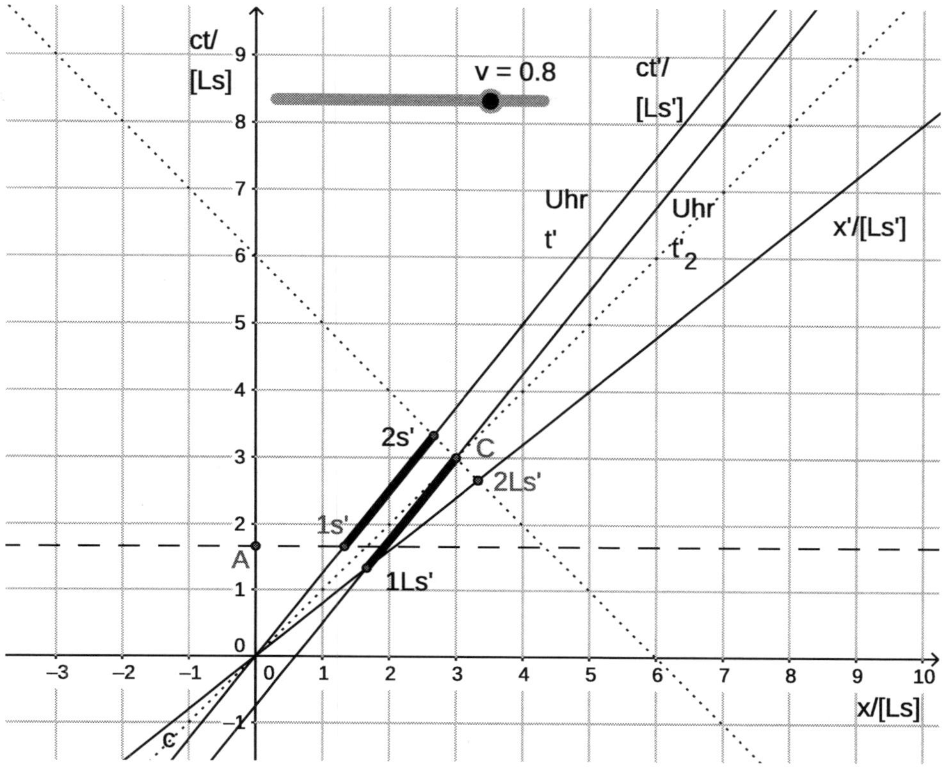

Abbildung 3.13 *Raum-Zeit-Diagramm mit zwei gleich bewegten Uhren, die den Abstand* 1 Ls′ *haben, und den Koordinatenachsen sowie Zeit- und Längeneinheiten im bewegten System*

In diesem Buch werden die Koordinaten eines Punktes P im jeweiligen Koordinatensystem mit $P(ct,x)$[13] oder $P(ct',x')$ angeschrieben.
Um 1 s′ graphisch zu bestimmen, wurde in Abbildung 3.11 auf Seite 33 zuerst die Zeit t im Ruhesystem bestimmt, während für die bewegte Uhr 1 s′ vergeht.
Dies wurde mit der Gleichung (Zeitdilatation) auf Seite 27 berechnet:

$$1\,\mathrm{s} = \frac{1\,\mathrm{s}'}{\sqrt{1-\frac{v^2}{c^2}}}\,. \tag{3.8}$$

[12]Dies ist wiederum nur wegen der Einstein'schen Uhrensynchronisation so.
[13]Also die »Zeit« zuerst.

Wendet man den Koordinaten-Vertauschungs-Trick an, so ergibt sich für die x-Koordinaten des Punktes 1 Ls′:

$$\boxed{1\,\text{Ls} = \frac{1\,\text{Ls}'}{\sqrt{1-\frac{v^2}{c^2}}}\,.} \tag{3.9}$$

Somit erhält man allgemein die Formel für die Längenkontraktion mit:

$$x = \frac{x'}{\sqrt{1-\frac{v^2}{c^2}}} = \gamma \cdot x'\,. \qquad \text{(Längenkontraktion)}$$

Qualitativ bedeutet die Formel: Wenn ein bewegter Maßstab der Länge $l' = x'$ mit der Geschwindigkeit v an einem ruhenden Beobachter vorbeigeführt wird, so misst der ruhende Beobachter eine größere Strecke $l = x$. Der bewegte Maßstab ist im bewegten System also kürzer als derselbe bewegte Maßstab im ruhenden System[14].

Aufgabe 25: Erklären Sie, warum Myonen aus der Aufgabe 20 die Erdoberfläche erreichen. Gehen Sie dazu von einer mit den Myonen mitbewegten Beobachterin aus, auf die sich die Erde zubewegt.

Aufgabe 26: *Die Alltagssynchronisation*
Oft werden Uhren nach einer Referenzuhr gestellt. Diese Referenzuhren funken periodisch die Uhrzeit. Sobald das Funksignal bei der eigenen Uhr eintrifft, wird diese danach gestellt. Erklären Sie diese Art der Uhrensynchronisation mithilfe eines Raum-Zeit-Diagramms. Wie misst man bei dieser Synchronisation Längen?

3.4 Eichhyperbeln

Dieses Unterkapitel zeigt einen mathematisch interessanten Zusammenhang auf. Für das weitere Buch ist es aber nicht von grundlegender Bedeutung. Beim Erstlesen kann dieser Punkt also bedenkenlos übersprungen werden.
Es soll gezeigt werden, dass für *alle* bewegten Lichtuhren die Koordinaten des Ereignisses des Tickens der jeweiligen Uhr auf einer Hyperbel liegen.

[14] Oft wird dieser Sachverhalt salopp mit dem Satz »Bewegte Längen werden kürzer« formuliert. Dieser Satz schadet Lernenden aber mehr, als er ihnen beim Verständnis hilft!

Man betrachte dazu Abbildung 3.14. Zuerst wird die Weltlinie einer beliebigen Lichtuhr konstruiert, die zum Zeitpunkt $t' = 0$ im Koordinatenursprung ist, danach wie gewohnt 1 s′. Es gilt für die Koordinaten von 1 s′[15]

$$t = \frac{1}{\sqrt{1-v^2}}\,, \tag{3.10}$$

$$x = v \cdot \frac{1}{\sqrt{1-v^2}}\,. \tag{3.11}$$

Eine gleichseitige Hyperbel in 2. Hauptlage mit der Asymptotensteigung ± 1 hat die Gleichung

$$t^2 - x^2 = 1\,. \tag{3.12}$$

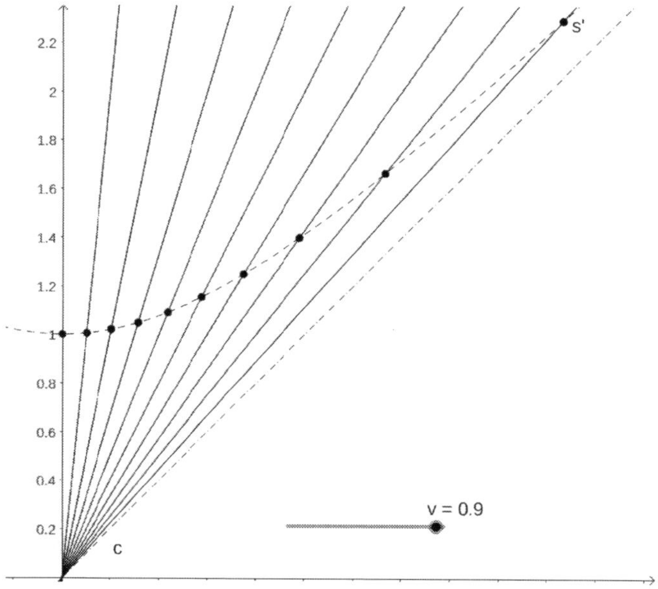

Abbildung 3.14 *Eichhyperbel für die Zeit*

Setzt man die Koordinatengleichungen in die Hyperbelgleichung ein, so ergibt sich mit

$$\frac{1}{1-v^2}^{2} - v^2 \cdot \frac{1}{1-v^2} = 1 \iff 1 = 1$$

eine wahre Aussage. Damit ist gezeigt, dass alle gesuchten Ereignisse auf einer gleichseitigen Hyperbel mit den Lichtlinien als Asymptoten liegen.

Für die Koordinaten der Lichtsekunden der bewegten Beobachterinnen erhält man als Ergebnis, dass diese auf einer gleichseitigen Hyperbel in 2. Hauptlage mit Asymptotensteigung ± 1 liegen.

3.5 Kausalität in der SRT

In der Physik bezeichnet der Begriff *Kausalität* das Prinzip von Ursache und Wirkung. Ereignisse, welche ein bestimmtes Ereignis beeinflussen können, liegen in der Vergangenheit und Ereignisse, welche von einem bestimmten Ereignis beeinflusst werden können, liegen in der Zukunft. [Born83, vgl. S. 87ff]

In der SRT ist es von der Beobachterin abhängig, wann ein Ereignis stattfindet. Für die eine Beobachterin kann das Ereignis A vor dem Ereignis B stattfinden, für eine andere Beobachterin mag es genau umgekehrt sein. Dies scheint zunächst mit dem Begriff der Kausalität schwer

[15] v und t werden in Vielfachen von c angegeben.

Ein Maßstab, der im bewegten Lichtsystem 1s' lang ist, ist er im ruhenden System länger

vereinbar zu sein. Da sich aber eine Wirkung maximal mit Lichtgeschwindigkeit ausbreiten kann, gibt es eine Lösung.
Ausgehend von einem Punkt O in der Raumzeit, kann man einen Lichtkegel in die Zukunft und einen in die Vergangenheit konstruieren (siehe Abbildung 3.15). Alle Ereignisse Z, die »oberhalb« des Ereignisses im Lichtkegel liegen, heißen die Zukunft von O, alle Ereignisse V »unterhalb« im Lichtkegel heißen die Vergangenheit. Alle anderen Ereignisse liegen in der Gegenwart G.[16]

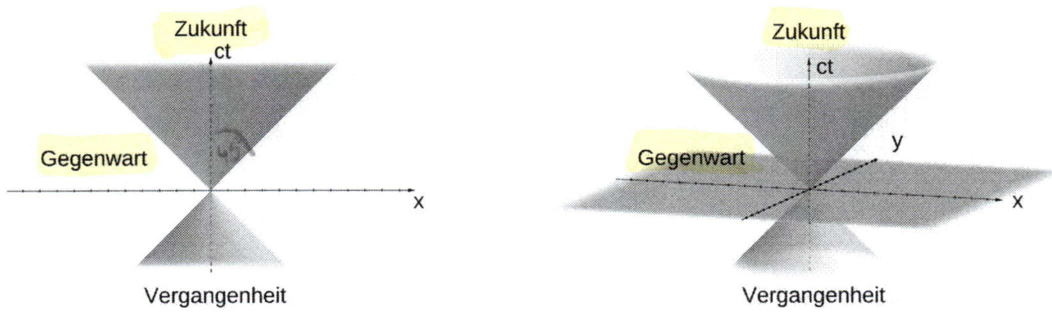

3.15.1. Lichtkegel in 2d *3.15.2. Lichtkegel in 3d*

***Abbildung 3.15** Kausalität in der Relativitätstheorie*

3.6 Gleichzeitigkeit und Gleichortigkeit — Koordinaten

In Abschnitt 3.3.3 auf Seite 34 wurde geklärt, wie man Längen und Zeiten in bewegten Systemen misst und in ein Raum-Zeit-Diagramm eintragen kann.
Des Weiteren konnten auch die Koordinatenachsen von bewegten Systemen bestimmt werden.

Punkte im Raum-Zeit-Diagramm, deren Verbindungslinie

- parallel zur ct-Achse ist, nennt man gleichortig im ruhenden System;
- parallel zur ct'-Achse ist, nennt man gleichortig im bewegten System;
- parallel zur x-Achse ist, nennt man gleichzeitig im ruhenden System;
- parallel zur x'-Achse ist, nennt man gleichzeitig im bewegten System.

[16] *Gegenwart* heißt hier, dass es zumindest eine Beobachterin gibt, für die zwei Ereignisse in der *Gegenwart* gleichzeitig sind.

3.6.1 Bestimmung der Koordinaten von Ereignissen

Zur Bestimmung der Koordinaten eines Punktes, der nicht auf den Achsen liegt, wird dieser

1. auf die Ortsachse projiziert, um die *Ortskoordinate*, und
2. auf die Zeitachse projiziert, um die *Zeitkoordinate*

zu erhalten.

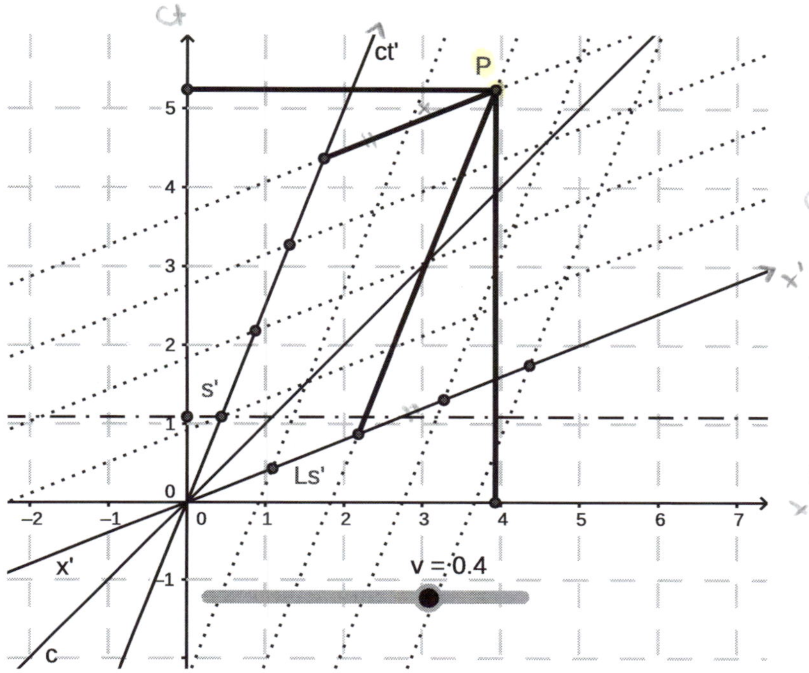

Abbildung 3.16 *Raum und Zeit in verschiedenen Bezugssystemen*

Man betrachte dazu Abbildung 3.16. Die strichlierten Linien zeigen die Gleichzeitigkeits- bzw. die Gleichortigkeitslinien im ruhenden System, die punktierten Linien im bewegten System.

Die dicken horizontalen und vertikalen Linien deuten die Projektion auf die Koordinatenachsen im ruhenden System an. Der Punkt P hat also die Koordinaten $P(5{,}2\text{s}/3{,}9\text{Ls})$ im ruhenden System.
Die zu den punktierten Geraden parallelen dicken Linien verdeutlichen die Projektion auf die Koordinatenachsen im bewegten System. Deswegen hat der Punkt P im bewegten System die Koordinaten $P(4\text{s}'/2\text{Ls}')$.

Aufgabe 27: Gesucht sind die Koordinaten des Punktes $Q(3\text{s}/5\text{Ls})$ in einem zum Ruhesystem mit $v = 0{,}6c$ bewegten Bezugssystem.

3.7 Koordinatentransformation — Lorentz-Transformation

Nachdem in Abschnitt 3.6 auf Seite 38 die Koordinaten eines Punktes in der Raum-Zeit graphisch für verschiedene Bezugssysteme bestimmt wurden, soll in diesem Abschnitt eine Transformationsformel[17] hergeleitet werden.
Dazu betrachte man die Abbildung 3.16 auf der vorherigen Seite. Die Einheitsvektoren im ruhenden System werden $\overrightarrow{\partial_{ct}}$ und $\overrightarrow{\partial_x}$[18], im bewegten System analog $\overrightarrow{\partial_{ct}}'$ und $\overrightarrow{\partial_x}'$ genannt. Damit können »Ortsvektoren« (siehe Abschnitt A.2 auf Seite 67) mit den bekannten Koordinaten zum Punkt P angeben werden:

$$\vec{P} = 5{,}2\,\overrightarrow{\partial_{ct}} + 3{,}9\,\overrightarrow{\partial_x} = 4\,\overrightarrow{\partial_{ct}}' + 2\,\overrightarrow{\partial_x}'\,.$$

Aufgrund dieser Konstruktion ergibt sich auch, dass man die Einheitsvektoren des bewegten Bezugssystems schreiben kann als:

$$\overrightarrow{\partial_{ct}}' = \gamma\,\overrightarrow{\partial_{ct}} + \gamma\frac{v}{c}\,\overrightarrow{\partial_x} = \gamma(\overrightarrow{\partial_{ct}} + \frac{v}{c}\,\overrightarrow{\partial_x})\,, \tag{3.13}$$

$$\overrightarrow{\partial_x}' = \gamma\frac{v}{c}\,\overrightarrow{\partial_{ct}} + \gamma\,\overrightarrow{\partial_x} = \gamma(\overrightarrow{\partial_x} + \frac{v}{c}\,\overrightarrow{\partial_{ct}})\,. \tag{3.14}$$

Man betrachte nochmals Abbildung 3.16 auf der vorherigen Seite. Wenn der Punkt P mit $P(4\text{s}'/2\text{Ls}')$ gegeben ist, kann man ihn auch identifizieren mit:

$$\vec{P} = 4\,\overrightarrow{\partial_{ct}}' + 2\,\overrightarrow{\partial_x}'\,.$$

Nach Einsetzen von (3.13) und (3.14) mit $v = 0.4c$ ergibt sich:

$$\begin{aligned}\vec{P} &= 4\,(\gamma(\overrightarrow{\partial_{ct}} + \frac{v}{c}\,\overrightarrow{\partial_x})) + 2\,(\gamma(\overrightarrow{\partial_x} + \frac{v}{c}\,\overrightarrow{\partial_{ct}}) = \\ &= (\gamma(4 + 2\frac{v}{c}))\,\overrightarrow{\partial_{ct}} + (\gamma(2 + 4\frac{v}{c}))\,\overrightarrow{\partial_x} = \\ &= 5{,}24\,\overrightarrow{\partial_{ct}} + 3{,}93\,\overrightarrow{\partial_x}\,.\end{aligned}$$

Damit ergibt sich als exaktes Ergebnis $P = (4\text{s}'/2\text{Ls}') = (5{,}24\text{s}/3{,}93\text{Ls})$, welches mit der graphischen Lösung übereinstimmt.

Ersetzt man in dem vorigen Beispiel die Zeitkoordinate 4 mit t' und die Ortskoordinate 2 mit x', erhält man die

[17] Hendrik Antoon Lorentz (* 18. Juli 1853 in Arnhem; † 4. Februar 1928 in Haarlem) hat die Grundlagen für diese Transformationsformeln geschaffen.
[18] gesprochen »di-*ct*« und »di-*x*«.

Gleichungen der sogenannten **inversen Lorentz-Transformation**:

$$t = \gamma(t' + \frac{v}{c}x')\,, \tag{3.15}$$

$$x = \gamma(x' + \frac{v}{c}t')\,, \tag{3.16}$$

$$y = y'\,, \tag{3.17}$$

$$z = z'\,. \tag{3.18}$$

Anwendung der inversen Lorentz-Transformation: Gegeben sind die Koordinaten in einem bewegten Bezugssystem, welches sich vom ruhenden System mit der Geschwindigkeit v wegbewegt. Dann kann man die Koordinaten im ruhenden System berechnen.
Achtung: Die Einheit der Zeit ist Ls, will man die geläufige Einheit Sekunde verwenden, so muss in den Formeln t durch $c \cdot t$ und t' durch $c \cdot t'$ ersetzt werden.

Es werden wieder die Gleichungen (3.13) und (3.14) betrachtet. Diese können als Gleichungssystem in vier Variablen $\overrightarrow{\partial_{ct}}$, $\overrightarrow{\partial_x}$, $\overrightarrow{\partial_{ct}}'$ und $\overrightarrow{\partial_x}'$ interpretiert werden und sie lassen sich umformen in:

$$\overrightarrow{\partial_{ct}} = \gamma(\overrightarrow{\partial_{ct}}' - \frac{v}{c}\,\overrightarrow{\partial_x}')\,, \tag{3.19}$$

$$\overrightarrow{\partial_x} = \gamma(\overrightarrow{\partial_x}' - \frac{v}{c}\,\overrightarrow{\partial_{ct}}')\,. \tag{3.20}$$

AUFGABE 28: Beweisen Sie die Gleichungen (3.19) und (3.20).

Rechnet man mit den Gleichungen (3.19) und (3.20) die Koordinaten des Punktes P(5,24s/3.93Ls) in das bewegte Bezugssystem zurück, so ergibt sich wieder $P(4\text{s}'/2\text{Ls}')$.

Somit erhält man die Gleichungen der sogenannten **Lorentz-Transformation**:

$$t' = \gamma(t - \frac{v}{c}x)\,, \tag{3.21}$$

$$x' = \gamma(x - \frac{v}{c}t)\,, \tag{3.22}$$

$$y' = y\,, \tag{3.23}$$

$$z' = z\,. \tag{3.24}$$

Anwendung der Lorentz-Transformation: Gegeben sind die Koordinaten in einem ruhenden Bezugssystem. Dann kann man die Koordinaten in einem sich mit der Geschwindigkeit v wegbewegenden Bezugssystem berechnen.
Achtung: Die Einheit der Zeit ist Ls, will man die geläufige Einheit Sekunde verwenden, so muss in den Formeln t durch $c \cdot t$ und t' durch $c \cdot t'$ ersetzt werden.

Bei der Lorentz-Transformation ändern sich fast alle »klassischen« Messgrößen für einen bewegten Beobachter. Es gibt aber eine Kombination von Messgrößen, welche beobachterunabhängig ist: Die sogenannte Lorentzinvariante.
Für ein Ereignis $E(t,x,y,z)$ im Ruhesystem und $E(t',x',y',z')$ im bewegten System gilt:

$$t^2 - x^2 - y^2 - z^2 = t'^2 - x'^2 - y'^2 - z'^2 \,. \qquad \text{(Lorentz-Invariante)}$$

Tafel 3.1 *Verhalten von Messgrößen bei der Lorentz-Transformation*

Größe	Verhalten
Zeit	relativ
Zeitdauer	relativ
Ort	relativ
Strecke	relativ
Winkel	relativ
Geschwindigkeit	relativ
Masse	relativ
Beschleunigung	relativ
Impuls	relativ
kinetische Energie	relativ
$t^2 - x^2 - y^2 - z^2$	invariant

3.8 Anwendungen der Längen- und Zeitbestimmung

In den folgenden Abschnitten sollen einige Aufgaben graphisch mithilfe von Minkowski-Diagrammen und rechnerisch mit der Lorentz-Transformation gelöst werden.

3.8.1 Das Garagen-Paradoxon

Passt eine 6 Meter lange Leiter in eine 4 Meter lange Garage?
Selbstverständlich, wenn die Leiter schnell genug ist.

Die genaue Beschreibung des vermeintlichen Paradoxons ist folgende: Es gibt eine 4 Meter lange Garage, welche vorne und hinten jeweils eine Tür besitzt. Kann eine Beobachterin in der Garage kurz gleichzeitig beide Türen schließen, während sich die Leiter in der Garage befindet?
Der Sachverhalt wird mit einem Minkowski-Diagramm beschrieben. Damit die Konstruktion leichter graphisch durchgeführt werden kann, vergrößert man die Längen auf 6 Ls und 4 Ls.

Paradoxon = in sich widersprüchlich

Die Garage sei das ruhende System, die Leiter das bewegte:

Man kann ein bewegtes Koordinatensystem (z. B. mit $v = 0{,}8c$) inklusive der bewegten Koordinatenachsen konstruieren und die Länge der Leiter — im Bezugssystem der Leiter 6 Ls′ lang — im bewegten System auf der x′-Achse abtragen.
Dann wird ersichtlich, dass im ruhenden System die Länge der Leiter mit 3,6 Ls kürzer ist als die Garage. Also befindet sich die Leiter kurzzeitig zur Gänze in der Garage.

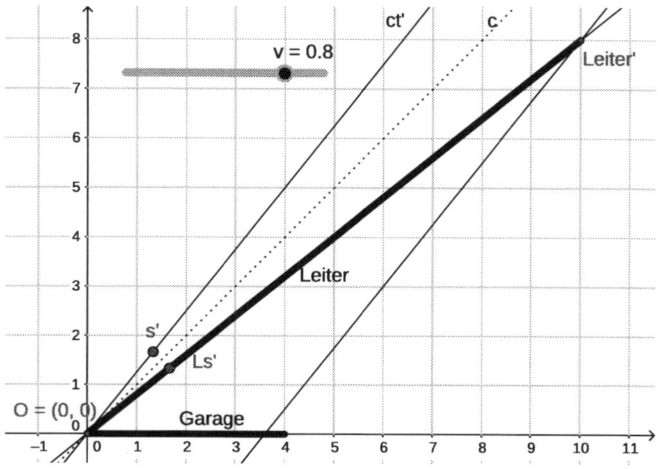

Abbildung 3.17 *Bewegte Leiter in der ruhenden Garage*

Die Garage sei das bewegte System, die Leiter das ruhende:

Man kann ein bewegtes Koordinatensystem (z. B. mit $v = -0{,}8c$) inklusive der bewegten Koordinatenachsen konstruieren und die Länge der Leiter — im Bezugssystem der Leiter 6 Ls lang — im ruhenden System auf der x-Achse abtragen.
Hier wird ersichtlich, dass im ruhenden System die Länge der Leiter kürzer ist als die Länge der Garage mit 6,7 Ls. Also befindet sich die Leiter kurzzeitig zur Gänze in der Garage.

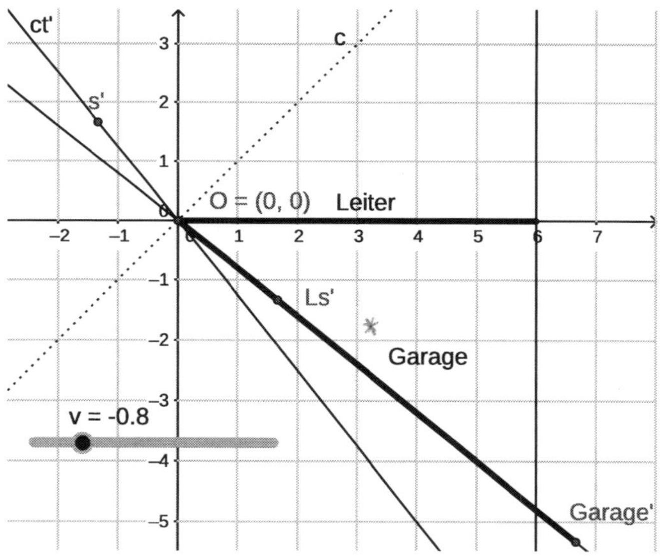

Abbildung 3.18 *Leiter in vorbeibewegter Garage*

AUFGABE 29: Bestimmen Sie die minimale Geschwindigkeit, welche die Leiter relativ zur Garage haben darf, so dass sie gerade noch Platz hat.

3.8.2 Das Zwillingsparadoxon

Sind Zeitreisen möglich?
Ja, aber nur in Richtung Zukunft!

Die Erklärung kann mithilfe eines Gedankenexperiments gefunden werden [Einstein05r, vgl. S.903-905]. Man betrachtet vorerst zwei völlig identische Zwillinge und einen extrasolaren Stern. Der erste Zwilling soll im Folgenden Erdzwilling genannt werden. Der andere Zwilling, der Reisende, fliegt in Richtung Stern, beschleunigt dort extrem schnell und kehrt zur Erde zurück. Es wird gezeigt werden, dass für den Erdzwilling mehr Zeit vergeht als für den Reisenden.

Nun zum genauen Setup des Gedankenexperiments:
Es soll ein 3 Lichtjahre von der Erde entfernter Stern als Ziel der Reise gewählt werden[19].
Die Geschwindigkeit des Reisenden soll $v = \pm 0{,}6c$ betragen[20].
Leider muss bei diesem Setup die Beschleunigung[21] im Umkehrmoment mit beachtet werden. Durch einen kleinen Kunstgriff kann man sich dies jedoch ersparen. Man betrachtet nicht zwei Zwillinge, sondern drei[22].

Lange vor dem Beginn des Experiments startet der heimkommende Zwilling und fliegt weit weg, dreht dort um und fliegt mit $v = -0{,}6c$ Richtung Erde zurück.
Der Erdzwilling bleibt auf der Erde. Der wegfliegende Zwilling fliegt mit $v = +0{,}6c$ Richtung Stern. Just in dem Moment, als der wegfliegende Zwilling am Stern vorbeifliegt, passiert er dort auch den Heimkommenden. Letzterer synchronisiert seine Uhr mit dem Wegfliegenden. Sobald der Heimfliegende an der Erde vorüberfliegt, vergleicht er seine Uhr mit dem Erdzwilling. Man erkennt, dass die Uhr des Erdzwillings mehr anzeigt als die Uhr des Heimkehrenden.

Somit ist auf der *Erde mehr Zeit vergangen* als für die bewegten Zwillinge.

Zur Erklärung werden deshalb drei Inertialsysteme verwendet:

1. Das Erdsystem wird ohne Striche dargestellt,
2. das System des Wegfliegenden mit einem Strich (') und
3. das System des Heimkommenden mit zwei Strichen ('').

[19] Die Zahl 3 Lichtjahre ist willkürlich gewählt, so dass sich in den Erklärungen einfach zu merkende physikalische Größen mit wenigen Nachkommastellen ergeben.

[20] w.o.

[21] Hier sollen der Einfachheit halber nur gleichförmige Bewegungen und keine Beschleunigungen betrachtet werden.

[22] Also müsste das Paradoxon eigentlich Drillingsparadoxon heißen. Leider würde man dieses in der Literatur nicht mehr finden, deshalb soll die Bezeichnung *Zwillingsparadoxon* belassen werden. Wer auch hier eine exakte Sprache pflegen möchte, kann sich den reisenden Zwilling ja geklont — also doppelt — vorstellen.

ct' ... Zeitachse
x' ... Ortsachse
Lichtachse 45° → x=y

Die Kernaussage, was welche der drei Uhren anzeigt, wird im Weiteren aus den drei verschiedenen Sichten (=Inertialsystemen) herausgearbeitet. Natürlich ergibt sich immer dasselbe Ergebnis.

Das Zwillingsparadoxon aus der Sicht des Erdzwillings

Die Konstruktion von Abbildung 3.19 erfolgt wie gewohnt: Erdsystem, System des Wegfliegenden, γ-Faktor, s'[23], Ls'[24], Abtragen auf den Zeit- und Ortsachsen. Man erkennt, dass bis zur Ankunft beim Stern im Erdsystem 5 Jahre vergehen und im ct'-System nur 4 Jahre'. Als bemerkenswertes Nebenergebnis — welches für die aktuelle Fragestellung aber nicht wichtig ist — erkennt man auch die Längenkontraktion: Der Wegfliegende muss nur eine Strecke von 2,4 Lj' zurücklegen.

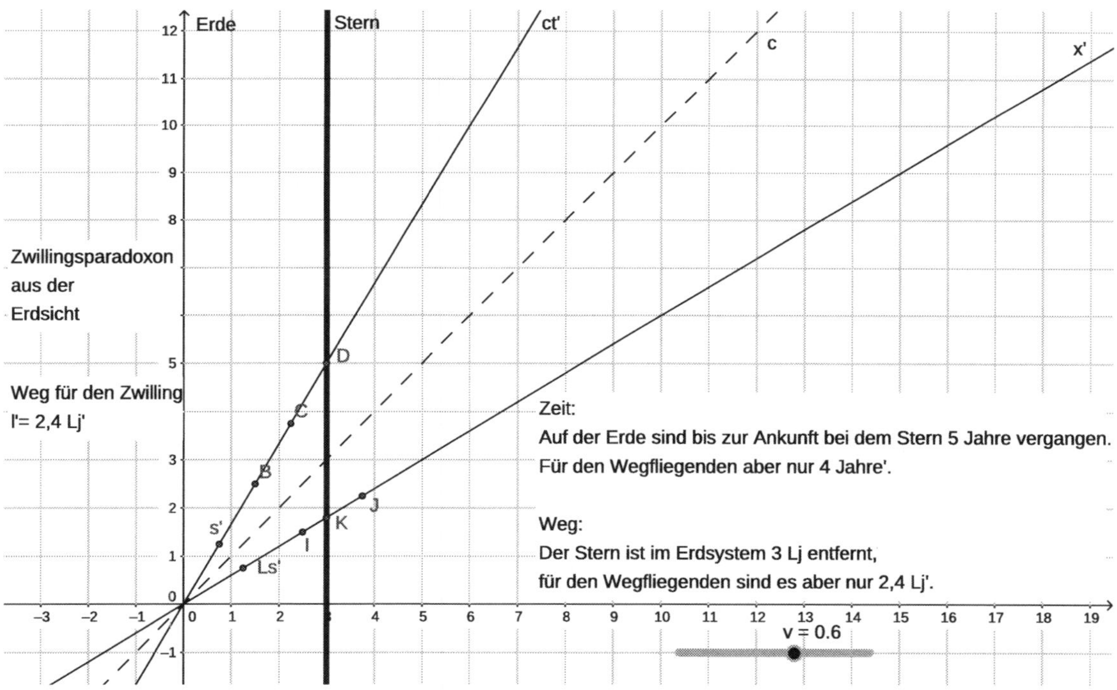

Abbildung 3.19 *Zwillingsparadoxon aus der Erdsicht, 1. Schritt*

[23] steht hier für Jahr'.
[24] steht hier für Lichtjahr'.

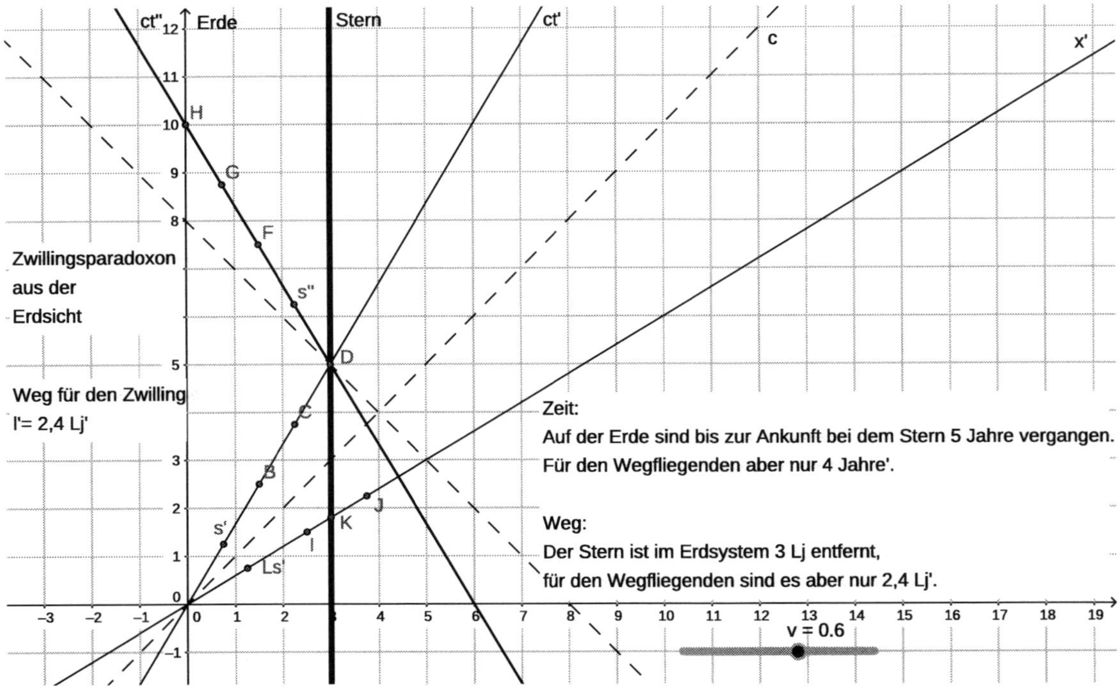

Abbildung 3.20 *Zwillingsparadoxon aus der Erdsicht, 2. und letzter Schritt*

Die Konstruktion der ct''-Achse in Abbildung 3.20 erfolgt analog zur Konstruktion der ct'-Achse in Abbildung 3.19:

1. Die Weltlinie des Heimkommenden wird mit der Geschwindigkeit von $-v$ konstruiert. Als Koordinatenursprung wird dabei das Eintreffen des Wegfliegenden beim Stern gewählt.
2. Der γ-Faktor wird bestimmt. Damit kann auf der Weltlinie des Heimkommenden das erste Jahr s'' aufgetragen werden.
3. Die für den Heimkommenden vergehenden Jahre F, G und H werden auf der ct''-Achse als Vielfache von s'' eingezeichnet.

Da die Weltlinien des Heimkommenden und des Wegfliegenden symmetrisch zur Weltlinie des Sternes sind, erkennt man, dass die Uhren der beiden jeweils 4 Jahre in ihren Systemen anzeigen.
Als Ergebnis ergibt sich, dass auf der Erde 10 Jahre vergehen, für die Fliegenden in ihren Systemen nur 4 Jahre' plus 4 Jahre''.[25]

[25] Sehr vereinfacht könnte man auch sagen: »Für die Fliegenden vergehen 8 Jahre, während auf der Erde 10 Jahre vergehen.«

Das Zwillingsparadoxon aus der Sicht des Wegfliegenden

Das rechtwinklige Koordinatensystem ist das Bezugssystem des Wegfliegenden. Der Koordinatenursprung bezeichnet den Abflug.
Auf der ct'-Achse werden 4 Jahre' eingezeichnet.
Die Erde ist im ct-System, die Weltlinie des zur Erde ruhenden Sterns ist parallel zur ct-Achse und muss nach 4 Jahren' die ct'-Achse schneiden.[26]
Die Einheiten auf der Zeitachse ct werden wie gewohnt konstruiert und vorsorglich werden die ersten 10 Jahre auf der ct-Achse und Gleichzeitigkeitslinien für 5 Jahre eingezeichnet.[27]

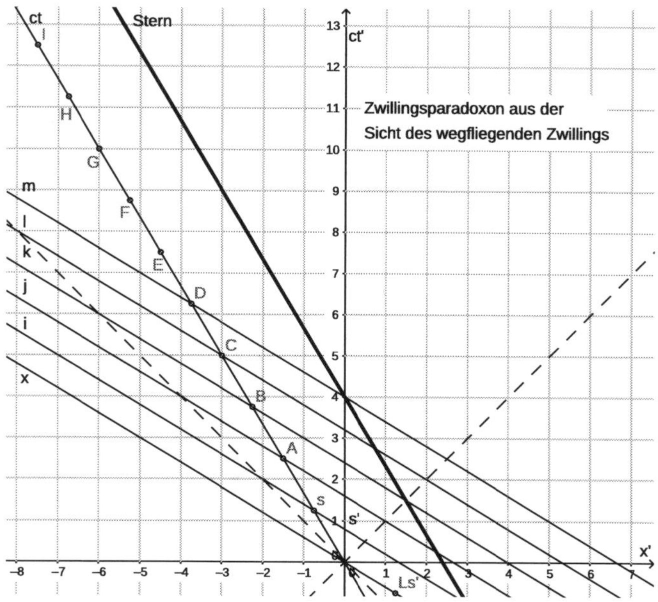

Abbildung 3.21 *Zwillingsparadoxon aus der Sicht des Wegfliegenden, 1. Schritt*

Damit erhält man die Punkte s und $A - I$, welche die jeweils vergangenen Jahre im Erdsystem kennzeichnen. I steht für 10 Erdjahre.
Bei naiver Herangehensweise würde man erwarten, dass der Heimfliegende mit einer Geschwindigkeit von $v = 0{,}6c - (-0{,}6c) = 1{,}2c$ (!) fliegen müsste. Dies widerspricht aber der Konstanz der Lichtgeschwindigkeit (siehe Abschnitt 3.1.2 auf Seite 19). Also darf die Geschwindigkeit in der SRT nicht naiv addiert werden. Man braucht eine adäquate Herangehensweise an das Problem (für die Herleitung siehe Abschnitt 2.4.4 auf Seite 15).

[26] Man sieht damit, dass die Weltlinie des Sterns die x'-Achse wieder bei 2,4 Jahren' schneidet.
[27] Man sieht: 5 Jahre $\widehat{=}$ 4 Jahre'.

Nach dem Relativitätsprinzip (siehe Abschnitt 3.1.1 auf Seite 19) ist die Wahl des Inertialsystems unabhängig von den physikalischen Gesetzen. Also muss der Heimkommende, unabhängig davon, wer beobachtet, nach 10 Erdjahren heimkommen.

Die Weltlinie des Heimkommenden muss daher eine Gerade durch die Punkte *Umdrehen* und *I* sein (siehe Abbildung 3.22).

Man erkennt aus der Steigung, dass die Geschwindigkeit $v \approx -0{,}88c$ ist, was einem γ-Faktor von $\gamma \approx 2{,}13$ entspricht.

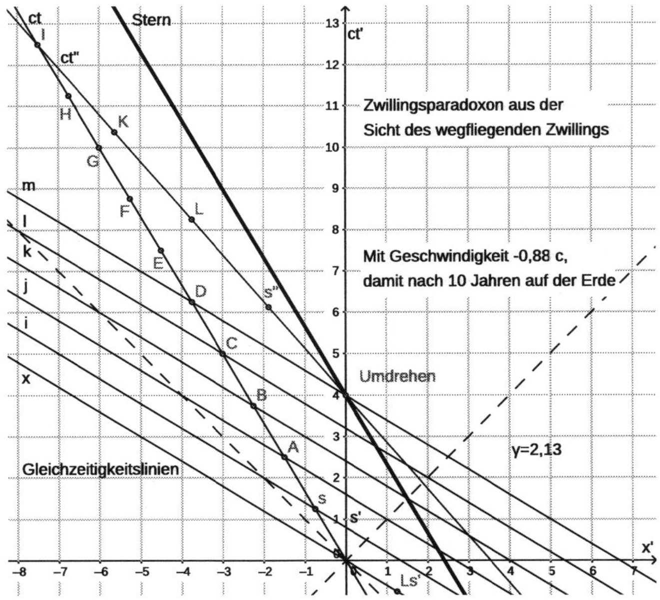

Abbildung 3.22 *Zwillingsparadoxon aus der Sicht des Wegfliegenden, 2. und letzter Schritt*

Mithilfe des γ-Faktors kann man s'' und weitere 3 Jahre (Punkte L, K und I) bestimmen und man erkennt, dass für den Heimkommenden wiederum 4 Jahre'' vergehen.

Als Gesamtergebnis ergibt sich wieder, dass auf der Erde 10 Jahre vergehen, für die Fliegenden in ihren Systemen nur 4 Jahre' plus 4 Jahre''.[25]

Das Zwillingsparadoxon aus der Sicht des Heimkommenden

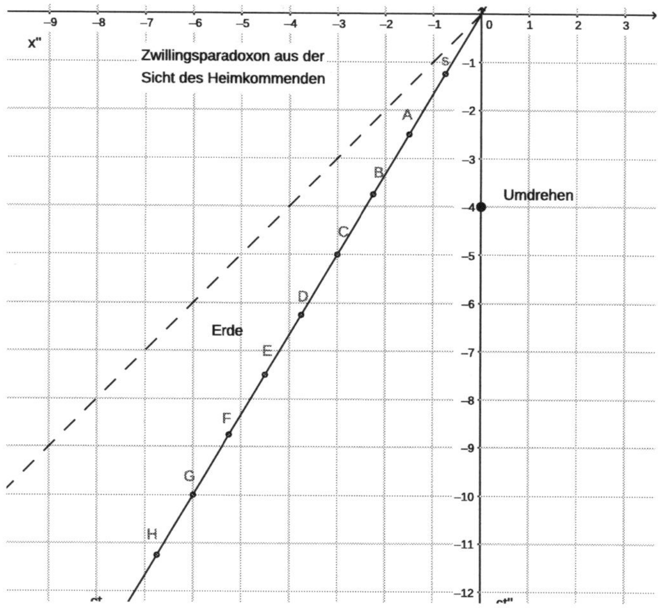

Das rechtwinklige Koordinatensystem in Abbildung 3.23 ist das Bezugssystem des Heimkommenden. Der Koordinatenursprung ist das Ereignis der Heimkehr. Auf der ct''-Achse werden die 4 Jahre'' Flugzeit vor der Heimkehr eingezeichnet (Punkt *Umdrehen*).

Die Erde ist im ct-System, die Geschwindigkeit beträgt $v = 0{,}6c$. Die Einheiten auf der Zeitachse ct werden wie gewohnt konstruiert und vorsorglich werden die ersten 10 Jahre auf der ct-Achse eingezeichnet.

Abbildung 3.23 *Zwillingsparadoxon aus der Sicht des Heimfliegenden, 1. Schritt*

Jetzt ist noch die Weltlinie des Wegfliegenden gesucht.

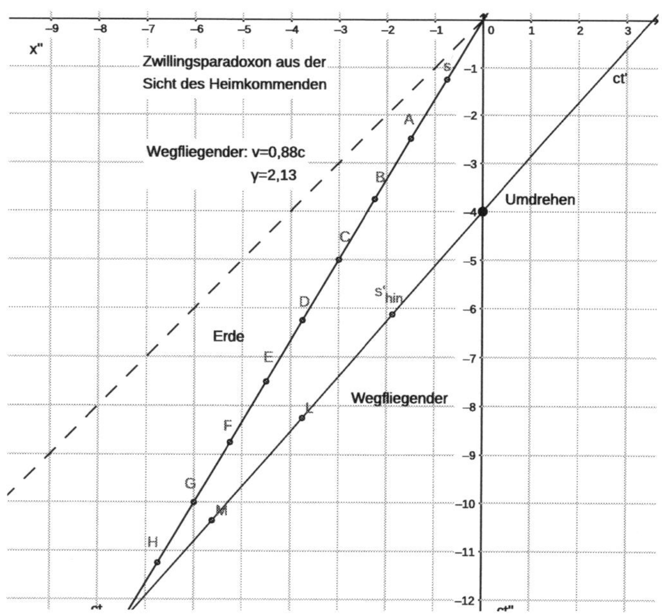

Nach dem Relativitätsprinzip (siehe Abschnitt 3.1.1 auf Seite 19) ist die Wahl des Inertialsystems unabhängig von den physikalischen Gesetzen. Also muss der Wegfliegende in diesem Problem, unabhängig davon, wer beobachtet, nach 4 seiner Jahre den Heimkommenden im Punkt *Umdrehen* treffen.

Die Weltlinie des Heimkommenden muss also eine Gerade durch die Punkte *Umdrehen* und *I* sein (siehe Abbildung 3.24).

Man erkennt aus der Steigung, dass die Geschwindigkeit $v \approx 0{,}88c$ ist, was einem γ-Faktor von $\gamma \approx 2{,}13$ entspricht. Mit dieser Erkenntnis sieht man auch, dass für den Wegfliegenden 4 Jahre' vergehen.

Abbildung 3.24 *Zwillingsparadoxon aus der Sicht des Heimfliegenden, 2. und letzter Schritt*

Als Gesamtergebnis ergibt sich auch hier wieder, dass auf der Erde 10 Jahre vergehen, für die Fliegenden in ihren Systemen nur 4 Jahre' plus 4 Jahre''.[25]

> AUFGABE 30: Wie schnell müsste der Zwilling fliegen, damit für ihn verglichen mit dem Daheimbleibenden die halbe Zeit vergeht? Die Entfernung soll wieder drei Lichtjahre im System des Daheimbleibenden sein.
> Wie groß ist der Abstand des Sterns für den Wegfliegenden?

3.9 Die Geschwindigkeitsaddition

Wie in 3.1.4 auf Seite 20 schon gezeigt, muss eine neue Art der Geschwindigkeitsaddition entwickelt werden.

3.9.1 Geschwindigkeiten sind parallel

Als Beispiel soll ein Massenpunkt betrachtet werden, welcher sich mit der Geschwindigkeit u' in x'-Richtung in einem Bezugssystem I' bewegt. Das System I' bewegt sich seinerseits mit der Geschwindigkeit v parallel in x-Richtung relativ zu einem System I.
Man kann herausfinden, wie groß die Geschwindigkeit u des Massenpunktes im System I ist.
Die Konstruktion von Abbildung 3.25 verläuft folgendermaßen:

1. Das System I sei das kartesische Koordinatensystem.
2. Konstruktion von ct' und x'.
3. Berechnung von γ.
4. Konstruktion $1\,\mathrm{s}'$ und $1\,\mathrm{Ls}'$.
5. Konstruktion des Punktes $Ls' \cdot u'$ und Verschiebung dieses Punktes parallel zur ct'-Achse um $1\,\mathrm{s}'$. Damit ergibt sich der Punkt A.
6. Die Weltlinie des Massenpunktes ct'' ergibt sich durch die Gerade $g[O,A]$.
7. Die reziproke Steigung von ct'' entspricht der Geschwindigkeit u des Massenpunktes im System I.

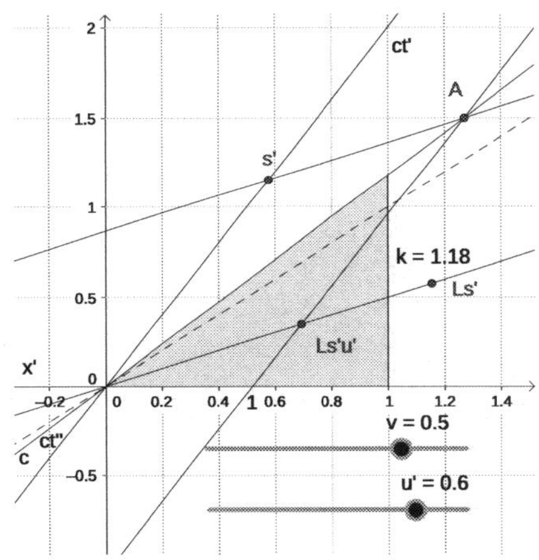

Abbildung 3.25 *Ausgangspunkt der Addition von parallelen Geschwindigkeiten*

Herleitung der Formel
Betrachtet man den Punkt A in Abbildung 3.25, kann der Ortsvektor zu A (analog zu Abschnitt 3.7 auf Seite 40) geschrieben werden als[28]:

$$\vec{A} = \vec{\partial_{ct}}' + \frac{u'}{c}\,\vec{\partial_x}' . \tag{3.25}$$

[28] Zur Erinnerung: Geschwindigkeiten werden in Vielfachen von c angegeben.

Durch Einsetzen von Gleichung (3.13) und Gleichung (3.14) auf Seite 40 erhält man:

$$\vec{A} = (\gamma\,\overrightarrow{\partial_{ct}} + \gamma\frac{v}{c}\,\overrightarrow{\partial_x}) + \frac{u'}{c}\cdot(\gamma\frac{v}{c}\,\overrightarrow{\partial_{ct}} + \gamma\,\overrightarrow{\partial_x}))\,, \tag{3.26}$$

$$\vec{A} = \gamma(1 + \frac{u'}{c}\frac{v}{c})\,\overrightarrow{\partial_{ct}} + \gamma(\frac{v}{c} + \frac{u'}{c})\,\overrightarrow{\partial_x}\,, \tag{3.27}$$

$$\vec{A} = \gamma(1 + \frac{u'\,v}{c^2})\,\overrightarrow{\partial_{ct}} + \gamma(\frac{u'+v}{c})\,\overrightarrow{\partial_x}\,. \tag{3.28}$$

Die Geschwindigkeit u des Massenpunktes im System I ergibt sich dann aus[29]:

$$\frac{u}{c} = \frac{\gamma(\frac{u'+v}{c})}{\gamma(1+\frac{u'\,v}{c^2})} = \frac{\frac{u'+v}{c}}{1+\frac{u'\,v}{c^2}}\,, \tag{3.29}$$

und somit für die Geschwindigkeitsaddition paralleler Geschwindigkeiten:

$$u = \frac{u'+v}{1+\frac{u'\,v}{c^2}}\,. \tag{Geschwindigkeits-Addition}$$

In Abbildung 3.26 sieht man, dass sich für keine Parameterkombination eine Geschwindigkeit $|u| > c$ ergibt.

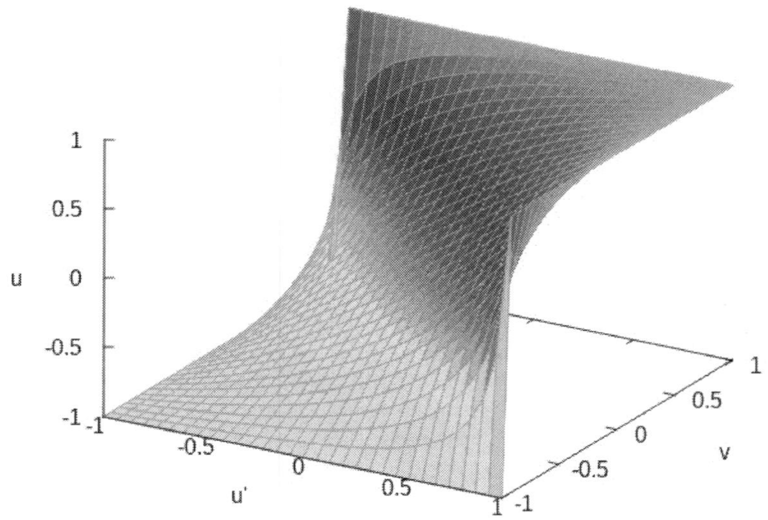

Abbildung 3.26 *Geschwindigkeit u in Abhängigkeit von u' und v bei paralleler Geschwindigkeitsaddition*

[29] *Achtung:* Bei einer naiven Division der $\overrightarrow{\partial_x}$- durch die $\overrightarrow{\partial_{ct}}$-Komponente erhält man die Geschwindigkeit in Vielfachen von c.

3.9.2 Geschwindigkeiten sind orthogonal

Man betrachte den dunklen Körper in Abbildung 3.27, der sich im System des hellen Körpers mit der Geschwindigkeit u' auf diesen zubewegt.
Um die Geschwindigkeit u' bestimmen zu können, braucht man eine Lichtuhr, welche im System des hellen Körpers ruht!

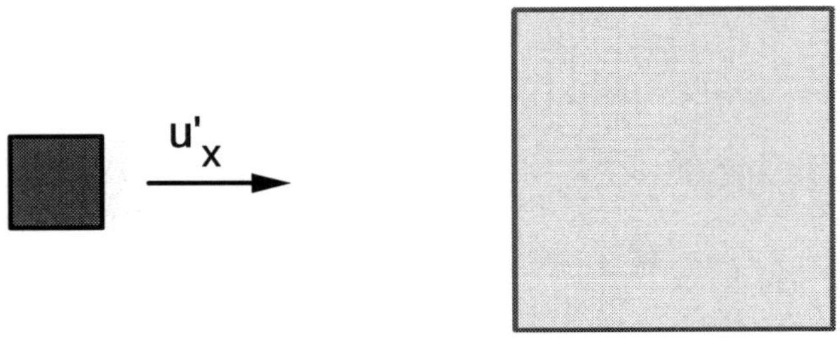

Abbildung 3.27 *Ausgangspunkt der Addition von orthogonalen Geschwindigkeiten*

Eine Beobachterin bewegt sich mit der Geschwindigkeit v nach oben an den beiden Körpern in Abbildung 3.28 vorbei. Für diese Beobachterin bewegen sie sich mit der gleichen Geschwindigkeit v nach unten.
Die Geschwindigkeit u_x ist sicherlich nicht gleich u'_x, denn sonst ergäbe sich unter Umständen ein Geschwindigkeitsbetrag $|u| = \sqrt{v^2 + u_x^2} > c$, wenn u'_x und v groß genug werden.
Um die Geschwindigkeit u bestimmen zu können, braucht man eine Lichtuhr, welche im System des hellen Körpers ruht. Für die Geschwindigkeit u'_x braucht man eine Lichtuhr, die für die vorbeifliegende Beobachterin ruht.

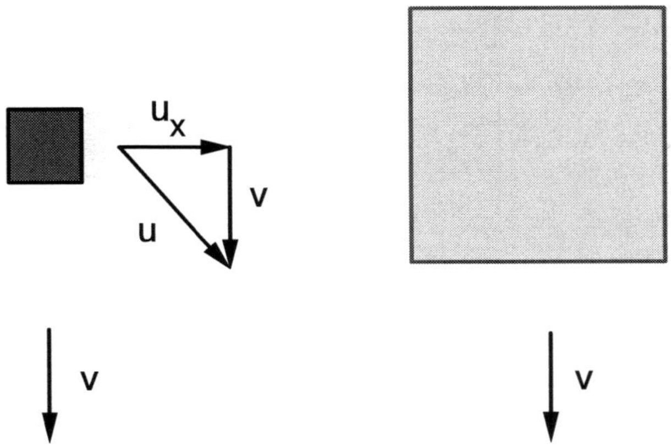

Abbildung 3.28 *Addition von orthogonalen Geschwindigkeiten*

Für die vorbeifliegende Beobachterin vergeht die Zeit in der Lichtuhr im hellen Körper aufgrund der Zeitdilatation um den Faktor $\frac{1}{\gamma} = \sqrt{1 - \frac{v^2}{c^2}}$ langsamer, aber in horizontaler Richtung kommt es zu keiner Längenkontraktion. Daher ergibt sich für die Geschwindigkeit:

$$u_x = u'_x \cdot \sqrt{1 - \frac{v^2}{c^2}} . \tag{3.30}$$

Aus der horizontalen Komponente u' und der vertikalen Komponente v kann somit die Geschwindigkeit des dunklen Körpers angegeben werden mit:

$$\vec{u} = \begin{pmatrix} u_x \\ u_y \end{pmatrix} = \begin{pmatrix} u'_x \cdot \sqrt{1 - \frac{v^2}{c^2}} \\ v \end{pmatrix} . \tag{3.31}$$

Der Betrag der Geschwindigkeit ist somit:

$$|\vec{u}| = \sqrt{{u_x}^2 + v^2} = \sqrt{u'^2_x \cdot (1 - \frac{v^2}{c^2}) + v^2} \, . \tag{3.32}$$

In Abbildung 3.29 sieht man, dass sich für keine Parameterkombination ein $|\vec{u}| > c$ ergibt.

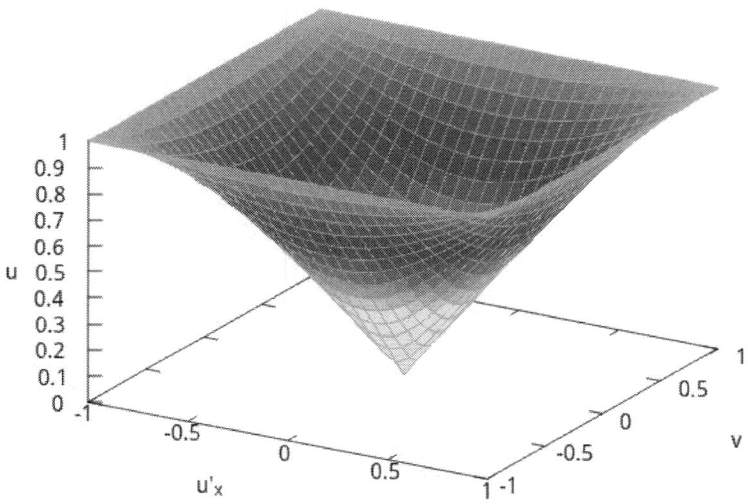

Abbildung 3.29 *Betrag der Gesamtgeschwindigkeit $|\vec{u}|$ in Abhängigkeit von u'_x und v bei orthogonaler Geschwindigkeitsaddition*

3.9.3 Geschwindigkeiten allgemein

Man betrachte den dunklen Körper in Abbildung 3.30, der sich im Ruhesystem des hellen Körpers mit der Geschwindigkeit u' diesmal aber nach links unten auf diesen zubewegt.

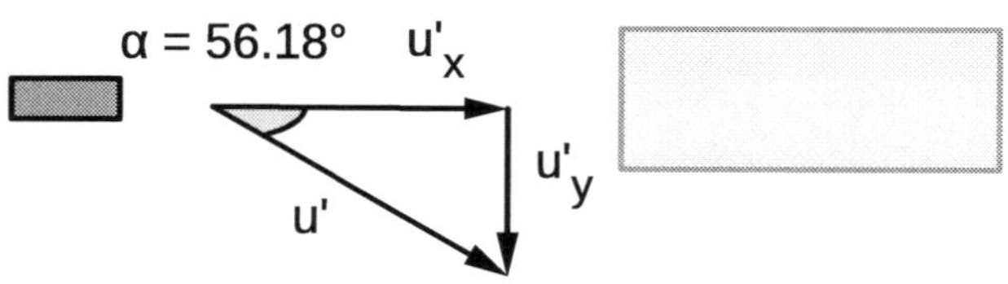

Abbildung 3.30 *Ausgangspunkt der Addition von Geschwindigkeiten in beliebiger Richtung*

Eine Beobachterin bewegt sich mit der Geschwindigkeit v nach oben an den beiden Körpern in Abbildung 3.31 vorbei. Für die Beobachterin bewegen sie sich mit der gleichen Geschwindigkeit v nach unten.
Für die Geschwindigkeiten gilt sicherlich $u'_x \neq u_x$ und $u'_y \neq u_y$ und für die Winkel in Abbildung 3.31 gilt auch $\alpha \neq \beta$.

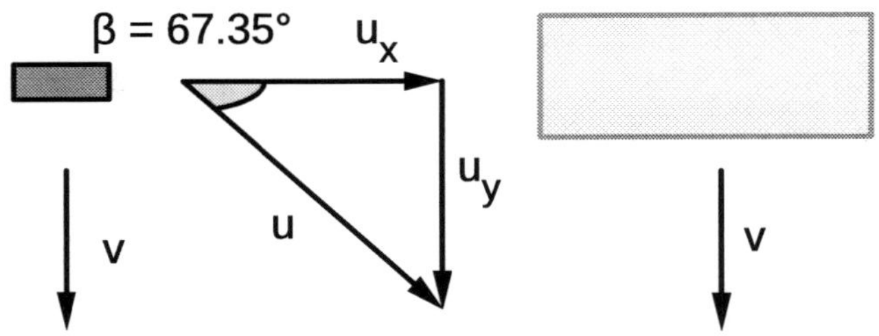

Abbildung 3.31 *Addition von Geschwindigkeiten in beliebiger Richtung*

Wenn man die Geschwindigkeit u' in Komponenten[30] anschreibt, ergibt sich:

$$u' = \begin{pmatrix} u'_x \\ u'_y \end{pmatrix} = \begin{pmatrix} u' \cdot \cos(\alpha) \\ u' \cdot \sin(\alpha) \end{pmatrix} . \tag{3.33}$$

Für die vertikale Geschwindigkeitskomponente muss die Gleichung (Geschwindigkeits-Addition) auf Seite 51 und für die horizontale Komponente Gleichung (3.30) auf Seite 52 verwendet werden. Damit erhält man:

$$u = \begin{pmatrix} u_x \\ u_y \end{pmatrix} = \begin{pmatrix} u'_x \cdot \sqrt{1 - \frac{v^2}{c^2}} \\ \frac{u'_y + v}{1 + \frac{u'_y v}{c^2}} \end{pmatrix} . \tag{3.34}$$

Zur Berechnung von β gelten folgende Zusammenhänge:

$$\tan(\alpha) = \frac{u'_y}{u'_x} , \qquad u_x = u'_x \cdot \sqrt{1 - \frac{v^2}{c^2}} ,$$

$$\tan(\beta) = \frac{u_y}{u_x} , \qquad u_y = \frac{u'_y + v}{1 + \frac{u'_y v}{c^2}} .$$

[30]Achtung: Der Winkel α ist der im System der beiden Körper gemessene Winkel.

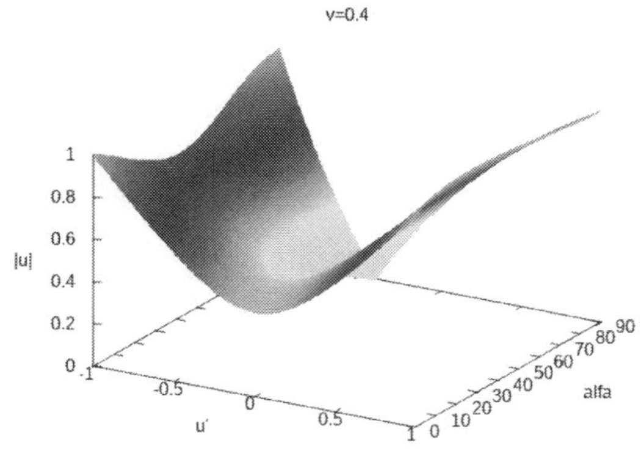

3.32.1. $|u|$ *in Abhängigkeit von* u' *und* α *mit* $v = 0{,}4c$

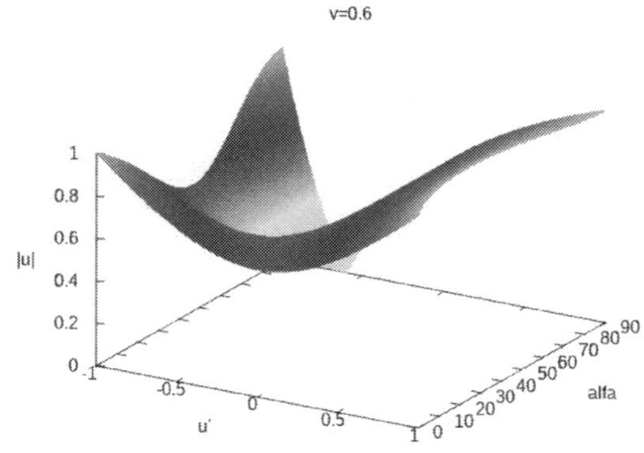

3.32.2. $|u|$ *in Abhängigkeit von* u' *und* α *mit* $v = 0{,}6c$

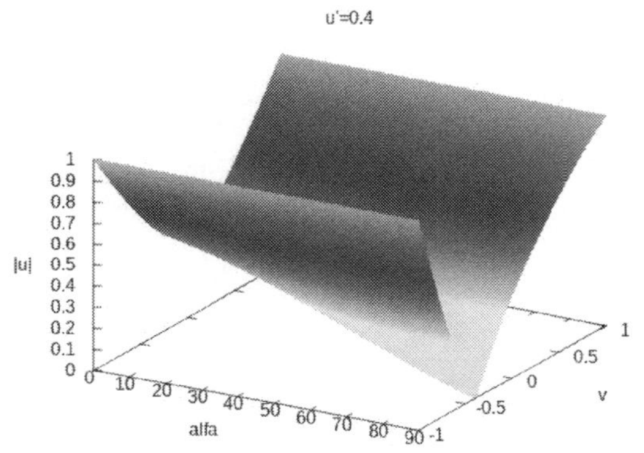

3.32.3. $|u|$ *in Abhängigkeit von* v *und* α *mit* $u' = 0{,}4c$

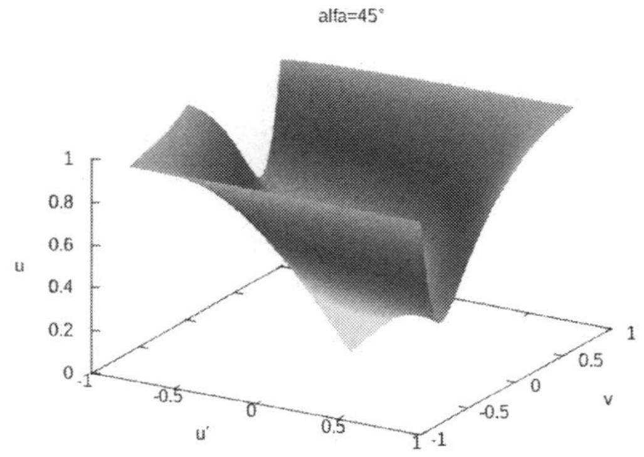

3.32.4. $|u|$ *in Abhängigkeit von* u' *und* v *mit* $\alpha = 45°$

Abbildung 3.32 *Graphische Darstellung der Geschwindigkeitsaddition*

3.10 Der Dopplereffekt

3.10.1 Longitudinaler Dopplereffekt

Es soll noch einmal das Zwillingsparadoxon aus Abschnitt 3.8.2 auf Seite 44 betrachtet werden. Aus der Sicht des Wegfliegenden (gestrichene Koordinaten) sind in Abbildung 3.33 ein von der Erde nach einem Jahr ausgesandtes Lichtsignal und der Schnittpunkt mit dem Wegfliegenden zu sehen. Es ist ersichtlich, dass im System des Wegfliegenden das Signal nach mehr als einem Jahr empfangen wird.
Um die Ankunftszeit des Signals im wegfliegenden System zu bestimmen, muss man die Weltlinie des Lichtsignals, welches auf der Erde nach einem Jahr ausgesendet wird, mit der Weltlinie des Wegfliegenden schneiden.

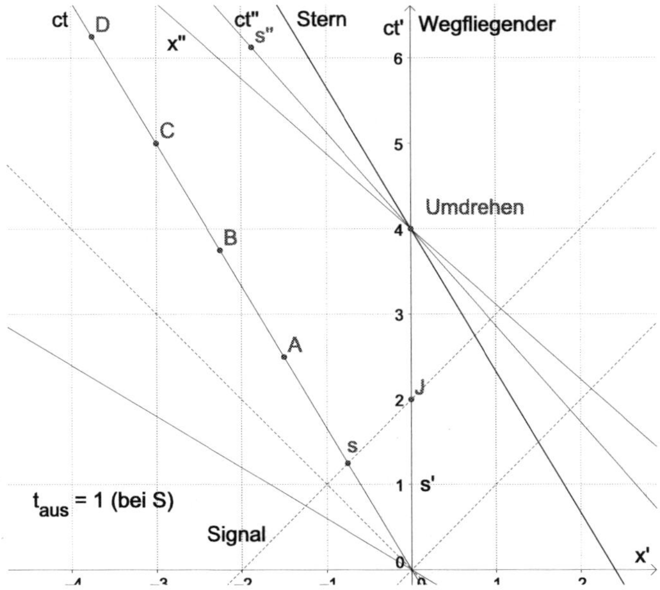

Abbildung 3.33 *Lichtsignale beim Zwillingsparadoxon*

Dazu verwendet man die beiden Gleichungen[31]:

$$\text{Wegfliegender}: \qquad x' = 0\,, \tag{3.35}$$

$$\text{Signal(Parameterform)}: \qquad \begin{pmatrix} t' \\ x' \end{pmatrix} = \begin{pmatrix} \frac{1}{\sqrt{1-\frac{v^2}{c^2}}} \\ -\frac{v}{c} \cdot \frac{1}{\sqrt{1-\frac{v^2}{c^2}}} \end{pmatrix} \cdot t_{aus} + \lambda \cdot \begin{pmatrix} 1 \\ 1 \end{pmatrix}. \tag{3.36}$$

Umstellen des Signals von Parameterform in die Normalform liefert:

$$\text{Signal(Normalform)}: \qquad t' = \frac{1+\frac{v}{c}}{\sqrt{1-\frac{v^2}{c^2}}} \cdot t_{aus} + x'\,.$$

Schneiden liefert die Ankunftszeit des Signals beim Wegfliegenden:

$$t' = \frac{1+\frac{v}{c}}{\sqrt{1-\frac{v^2}{c^2}}} \cdot t_{aus}\,. \tag{3.37}$$

[31]Hier wird v in der Einheit $\frac{m}{s}$ verwendet. t_{aus} gibt die Anzahl der Sekunden an, nach dem das Signal von der Erde ausgesandt wurde.

Daraus ergibt sich als Kehrwert von t die Frequenz. Bei der Herleitung wurde eine Geschwindigkeit von $v > 0$ für das Auseinanderfliegen der Beobachter verwendet. Setzt man nun in die Formel anstelle von v das negative $-v$ ein, so erhält man die Dopplereffekt-Formel für die Annäherung.
Allgemein kann geschrieben werden:

$$f' = f \cdot \frac{\sqrt{1 - \frac{v^2}{c^2}}}{1 - \frac{v}{c}} = f \cdot \sqrt{\frac{1 + \frac{v}{c}}{1 - \frac{v}{c}}} = f \cdot \sqrt{\frac{c+v}{c-v}} \quad \text{mit } v > 0 \text{ bei Annäherung.} \tag{Dopplereffekt}$$

Bemerkung: Der relativistische Dopplereffekt wird verwendet, um die Geschwindigkeiten von weit entfernten kosmischen Objekten zu bestimmen.

3.10.2 Transversaler Dopplereffekt

Ohne Herleitung und nur der Vollständigkeit halber erwähnt:

> *»Bewegt sich ein Objekt zu einem gewissen Zeitpunkt quer zum Beobachter, so kann man die Änderung des Abstandes zu diesem Zeitpunkt vernachlässigen; dementsprechend würde man hier auch keinen Doppler-Effekt erwarten.*
>
> *Jedoch besagt die Relativitätstheorie, dass jedes Objekt wegen seiner Bewegung einer Zeitdilatation unterliegt, aufgrund der die Frequenz ebenfalls verringert wird. Diesen Effekt bezeichnet man als transversalen Doppler-Effekt. Die Formel hierfür lautet*
>
> $$f_\mathrm{B} = \frac{f_\mathrm{S}}{\gamma} = f_\mathrm{S}\sqrt{1 - \frac{v^2}{c^2}} \approx f_\mathrm{S}\left(1 - \frac{v^2}{2c^2}\right),$$
>
> *wobei c hier die Vakuum-Lichtgeschwindigkeit und v die Geschwindigkeit der Signalquelle bezeichnet.«* [WikipediaDopplereffekt]

In der obigen Formel stehen f_B für f' und f_S für f.

3.10.3 Dopplereffekt bei beliebigem Winkel

Ohne Herleitung und nur der Vollständigkeit halber erwähnt:

> *»Der Doppler-Effekt lässt sich ganz allgemein abhängig vom Winkel der Bewegungsrichtung zur Achse Quelle-Empfänger angeben. Die Frequenzänderung für beliebige Winkel α ergibt sich zu*
>
> $$f_\mathrm{B} = f_\mathrm{S}\frac{\sqrt{1 - \frac{v^2}{c^2}}}{1 - \frac{v}{c}\cos\alpha}.$$
>
> *Wenn man für den Winkel α nun 0° (Quelle bewegt sich direkt auf Empfänger zu), 90° (Quelle bewegt sich seitwärts) oder 180° (Quelle bewegt sich direkt vom*

Empfänger weg) einsetzt, dann erhält man die oben stehenden Gleichungen für longitudinalen und transversalen Doppler-Effekt.

Man erkennt außerdem, dass der Winkel, unter dem der Doppler-Effekt verschwindet, von der Relativgeschwindigkeit abhängt, anders als beim Doppler-Effekt für Schall, wo er immer 90° beträgt.« [WikipediaDopplereffekt]

In der obigen Formel stehen f_B für f' und f_S für f.

3.11 Die Bestimmung der Masse und des Impulses

3.11.1 Masse und Impuls in ruhenden Bezugssystemen

Die Bestimmung der Masse in einem zu dieser Masse ruhenden Bezugssystem unterscheidet sich nicht von der klassischen Mechanik.

3.11.2 Masse und Impuls von bewegten Teilchen

In Abbildung 3.34 ist ein Sternspritzer dargestellt, der jede Sekunde jeweils einen Funken nach links und rechts mit $|v| = 0{,}6c$ wegspritzt.
Die Weltlinien der Funken sind mit $a ... e$ und $a' ... e'$ gekennzeichnet.
Der Schwerpunkt des Systems bleibt im Sternspritzer.

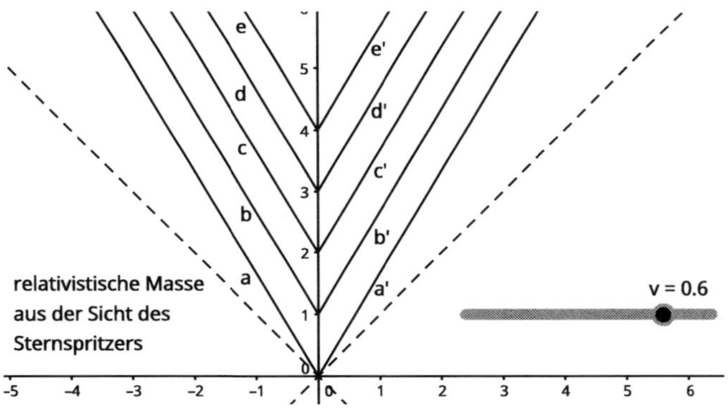

Abbildung 3.34 *Ein Sternspritzer spritzt Funken nach links und rechts*

Man betrachte nun den gleichen Vorgang in Abbildung 3.35 auf der nächsten Seite aus der Sicht des ersten linken Funkens a:
Der Schwerpunkt des Systems soll wieder im Sternspritzer bleiben (siehe 3.1.3 auf Seite 20). Die Geschwindigkeit des rechten Funkens kann wieder graphisch oder mit der Gleichung (Geschwindigkeits-Addition) auf Seite 51 bestimmt werden.

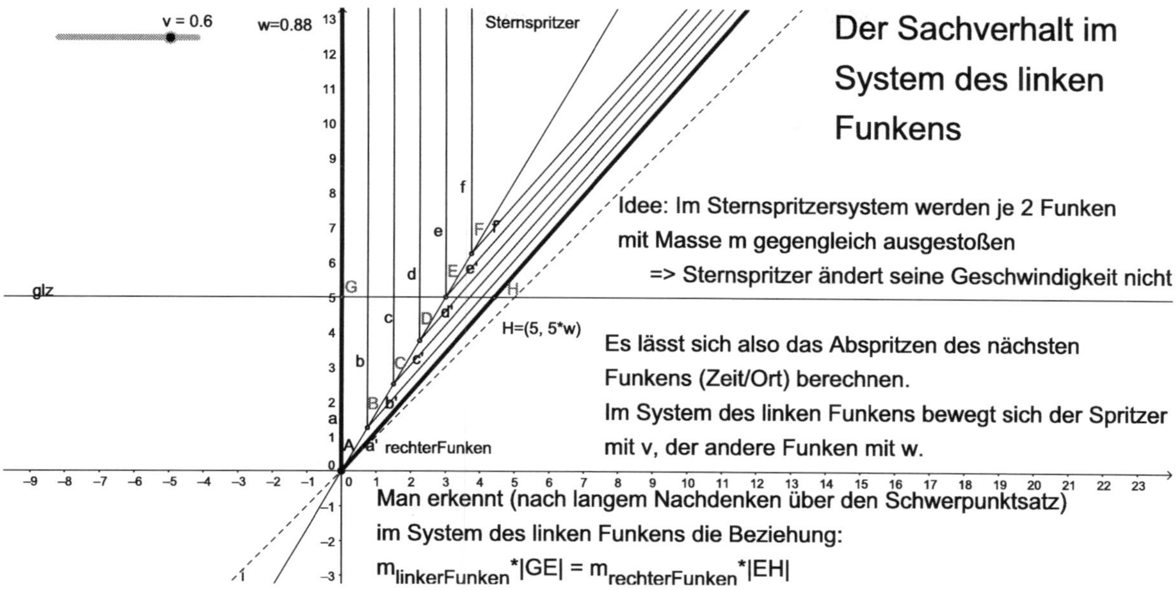

Abbildung 3.35 *Sternspritzer aus der Sicht des linken Funkens*

Nimmt man einen beliebigen Zeitpunkt $t > 0$ und zeichnet eine Gleichzeitigkeitslinie im System des linken Funkens ein (siehe Gerade glz in Abbildung 3.35), so müssen der Schwerpunkt und die beiden jeweils zusammengehörigen Funken auf dieser Gleichzeitigkeitslinie liegen.
Mit S_x wird der Abstand des Schwerpunktes zum linken Funken und mit R_x der Abstand des rechten Funkens zum linken Funken bezeichnet. Somit ist der Abstand des rechten Funkens vom Schwerpunkt $R_x - S_x$.
Da ja der Schwerpunktsatz gelten muss, folgt:

$$m_{\text{linkerFunken}} \cdot S_x = m_{\text{rechterFunken}} \cdot (R_x - S_x)\,. \tag{3.38}$$

Nach Umformen erkennt man, dass die Masse des rechten Funkens $m_{\text{rechterFunken}}$ größer ist als die des linken:

$$m_{\text{rechterFunken}} = m_{\text{linkerFunken}} \cdot \frac{S_x}{R_x - S_x}\,, \tag{3.39}$$

obwohl im Ruhesystem des Schwerpunktes (=Sternspritzer) beide Funken die gleiche Masse haben.

Nun soll S_x, R_x und $m_{\text{rechterFunken}}$ nur durch die Messgrößen im ruhenden System des linken Funkens ausgedrückt werden:[32]

[32] Zur Erinnerung: $t > 0$.

$$\begin{aligned}
S_x &= vt\,,\\
w &= \frac{v+v}{1+\frac{v\,\cdot\,v}{c^2}}\,,\\
R_x &= wt\,,\\
R_x - S_x &= (w-v)t = \left(\frac{2v}{1+\frac{v^2}{c^2}} - v\right)t = \ldots = \frac{c^2-v^2}{c^2+v^2}vt\,,\\
m_{\text{rechterFunken}} &= m_{\text{linkerFunken}}\frac{vt}{\frac{c^2-v^2}{c^2+v^2}vt} = m_{\text{linkerFunken}}\frac{c^2+v^2}{c^2-v^2}\,.
\end{aligned} \tag{3.40}$$

Um die endgültige Formel zu erhalten, muss in Gleichung (3.40) nur noch die Geschwindigkeit v durch w ausgedrückt werden.
Dazu verwendet man einen mathematischen Trick:

$$c^2 - v^2 = \sqrt{(c^2-v^2)^2} = \sqrt{(c^2+v^2)^2 - 4c^2v^2}\,. \qquad \text{(Ergänzungstrick)}$$

Damit folgt

$$\begin{aligned}
\frac{c^2+v^2}{c^2-v^2} &= \sqrt{\frac{(c^2+v^2)^2}{(c^2+v^2)^2-4c^2v^2}} =\\
&= \frac{1}{\sqrt{\frac{(c^2+v^2)^2-4c^2v^2}{(c^2+v^2)^2}}} =\\
&= \frac{1}{\sqrt{1-\frac{4c^2v^2}{(c^2+v^2)^2}}} = \frac{1}{\sqrt{1-\frac{4v^2}{(c^2+v^2)^2/c^2}}} =\\
&= \frac{1}{\sqrt{1-\frac{4v^2}{(1+v^2/c^2)^2c^2}}}\,,
\end{aligned}$$

und weil man erkennt, dass

$$\frac{4v^2}{(1+v^2/c^2)^2} = w^2$$

ist, ergibt sich die Masse es rechten Funkens mit

$$m_{\text{rechterFunken}} = m_{\text{linkerFunken}}\frac{1}{\sqrt{1-\frac{w^2}{c^2}}}\,.$$

Aus dem Impulserhaltungs- bzw. dem Schwerpunktsatz ergibt sich, dass für zwei im Schwerpunktsystem identische Massen — die sich voneinander wegbewegen — im jeweiligen Bezugssystem einer Masse die andere Masse größer wird. Man kann sagen: Wenn sich eine Masse in einem System mit der Geschwindigkeit w bewegt, nimmt diese Masse zu.
Die kleinstmögliche Masse m_0 ergibt sich bei der Geschwindigkeit $w = 0$. Deshalb heißt m_0 auch die Ruhemasse. Es gilt:

$$m_{\text{bewegt}} = m_0 \frac{1}{\sqrt{1 - \frac{w^2}{c^2}}} . \qquad \text{(relativistische Masse)}$$

Der relativistische Impuls ergibt sich mit der relativistischen Masse und aus dem Axiom 3.1.3 auf Seite 20:

$$p = \frac{m_0\, w}{\sqrt{1 - \frac{w^2}{c^2}}} . \qquad \text{(relativistischer Impuls)}$$

Bemerkungen:

- Ein Grenzwert von m_{bewegt} für Geschwindigkeiten w im Bereich der Lichtgeschwindigkeit existiert nicht. Die Massen werden beliebig groß.
- Teilchen ohne Ruhemasse (z. B. Photonen) können sich aber mit Lichtgeschwindigkeit bewegen.
- Der Massenerhaltungssatz gilt in der Speziellen Relativitätstheorie nicht!

3.12 Die relativistische Energie

Die Frage, was Energie ist, wusste nicht einmal der Nobelpreisträger Richard Feynman zu beantworten [Feynman07, vgl. Kapitel 4.1].

Allerdings sind einige Eigenschaften der Energie gut bekannt:

1. Die Gesamtenergie im Universum ändert sich nicht.
2. Die Gesamtenergie ist die Summe von Teilenergien.
3. Für kleine Geschwindigkeiten beinhaltet der Bewegungszustand einer Masse m die kinetische Energie $E_{\text{kin}} = \frac{mv^2}{2} = \frac{p^2}{2m}$.
4. Energieformen können ineinander umgewandelt werden.

3.12.1 Die kinetische Energie und die Ruhe-Energie

Die Herleitungen in diesem Buch konnten bisher fast ohne Kräfte durchgeführt werden. Einzig der Impulserhaltungssatz wurde aus den Kräften hergeleitet. Im Kapitel der SRT wird der Impulssatz als Axiom geführt und die Kräfte ergeben sich jetzt aus der Impulsänderung[33] mit $F = \frac{\mathrm{d}p}{\mathrm{d}t}$.

Die Energie soll auch in der SRT auf die gewohnte Weise aus der Kraft gewonnen werden:

$$E = \int_0^{s_{\text{Ende}}} F(s)\,\mathrm{d}s\,. \tag{3.41}$$

Ersetzt man die Kraft durch den Impuls, erhält man damit die kinetische Energie und ändert man die Integrationsgrenzen entsprechend, erkennt man, dass $ds = v\,dt$ ist:

$$E_{\text{kin}} = \int_0^{s_{\text{Ende}}} \frac{\mathrm{d}p}{\mathrm{d}t}\,\mathrm{d}s = \int_0^{s_{\text{Ende}}} \frac{\mathrm{d}p}{\mathrm{d}t} v\,\mathrm{d}t = \int_0^{p_{\text{Ende}}} v\,\mathrm{d}p\,. \tag{3.42}$$

Aus der relativistischen Impulsformel ((siehe Gleichung (relativistischer Impuls) auf der vorigen Seite)) erhält man:

$$v = \frac{p}{\sqrt{m_0^2 + \frac{p^2}{c^2}}}\,. \tag{3.43}$$

Daraus kann die Energie bestimmt werden:

$$E_{\text{kin}} = \int_0^{p_{\text{Ende}}} \frac{p}{\sqrt{m_0^2 + \frac{p^2}{c^2}}}\,\mathrm{d}p\,.$$

Ein Computeralgebra-System[34] liefert als Ergebnis:

$$E_{\text{kin}} = c \cdot \sqrt{m_0^2\,c^2 + p_{\text{Ende}}^2} - m_0 c^2\,.$$

Wenn man jetzt $m_0 c^2$ auf die linke Seite bringt, ergibt sich:

$$E_{\text{kin}} + m_0 c^2 = c \cdot \sqrt{m_0^2\,c^2 + p_{\text{Ende}}^2}\,. \tag{3.44}$$

Im Weiteren soll $m_0 c^2$ ersetzt werden. Diese Ersetzung hat noch keine tiefere Bedeutung, außer dass die Einheit von $m_0 c^2$ Joule ist. m_0 ist beobachterunabhängig und c ist eine Naturkonstante. Daher ist auch $m_0 c^2$ beobachterunabhängig. $m_0 c^2$ wird die der Masse zugeordnete Ruheenergie E_0 genannt:[35]

$$E_0 = m_0 c^2\,. \tag{Ruheenergie}$$

[33] In der Differenzialrechnung Ungeübte können sich $\frac{\mathrm{d}p}{\mathrm{d}t}$ als $\frac{\Delta p}{\Delta t}$ und $\int$ als Summe vorstellen.
[35] Ruheenergie ist vorerst nur ein Name.

Wenn man jetzt $E_{\text{kin}} + E_0 = E_{\text{ges}}$ die Gesamtenergie des Teilchens nennt, ergibt sich aus der Gleichung (3.44) auf der vorherigen Seite:

$$E_{\text{ges}} = E_{\text{kin}} + E_0 = \sqrt{E_0^2 + p_{\text{Ende}}^2 c^2}\,. \tag{3.45}$$

Wenn diese quadriert und umgeformt wird, erhält man

$$E_{\text{ges}}^2 = (E_{\text{kin}} + E_0)^2 = p_{\text{Ende}}^2 c^2 + E_0^2\,. \qquad \text{(relativistische Energie-Impulsbeziehung)}$$

In diese kann der Impuls p eingesetzt werden:

$$\begin{aligned} E_{\text{ges}}^2 &= m^2 v^2 c^2 + m_0^2\, c^4 = \\ &= \frac{m_0^2\, v^2 c^2}{1 - \frac{v^2}{c^2}} + m_0^2\, c^4 = \\ &= m_0^2\, c^2 \left(\frac{v^2}{1 - \frac{v^2}{c^2}} + c^2 \right) = \\ &= m_0^2\, c^2 \frac{c^4}{c^2 - v^2} = \\ &= m_0^2\, c^4 \frac{c^2}{c^2 - v^2} = \\ &= m_0^2\, c^4 \frac{1}{1 - \frac{v^2}{c^2}}\,. \end{aligned} \tag{3.46}$$

Diese Gleichung kann durch Wurzelziehen nach E_{ges} aufgelöst werden und es ergibt sich …

die relativistische Energieformel, die wohl bekannteste Formel der Physik:

$$E_{\text{ges}} = \frac{m_0}{\sqrt{1 - \frac{v^2}{c^2}}}\, c^2 = m\, c^2\,. \qquad \text{(relativistische Energieformel)}$$

Damit kann auch die kinetische Energie neu angeschrieben werden:

$$E_{\text{kin}} = E_{\text{ges}} - E_0 = \frac{m_0}{\sqrt{1 - \frac{v^2}{c^2}}}\, c^2 - m_0\, c^2 = (m - m_0)\, c^2\,.$$

(relativistische kinetische Energie)

3.12.2 Energie und Strahlung

Ähnlich wie in der Herleitung von Einstein (vgl. [Einstein05s]) soll von einer Energieform, der elektromagnetischen Strahlung, ausgegangen werden. Allerdings werden hier nicht die Maxwell'schen Formeln, sondern es wird die Energie eines einzelnen Photons verwendet:

$$E_{\text{Photon}} = hf\,. \qquad \text{(Photonenenergie)}$$

Die Energie des Photons ist dann aufgrund des Dopplereffekts (siehe Abschnitt 3.10 auf Seite 56) abhängig vom Beobachter.
Aus der Photonenenergie wird im Folgenden die Änderung der kinetischen Energie eines Massenstückes hergeleitet.

In Abbildung 3.36 erkennt man eine Masse, welche nach links und rechts jeweils ein Photon mit gleicher Energie aussendet. E_{v} sei die Energie vor und E_{n} die Energie der Masse nach dem Aussenden. Dann gilt:

$$E_{\text{v}} = E_{\text{n}} + 2hf\,. \tag{3.47}$$

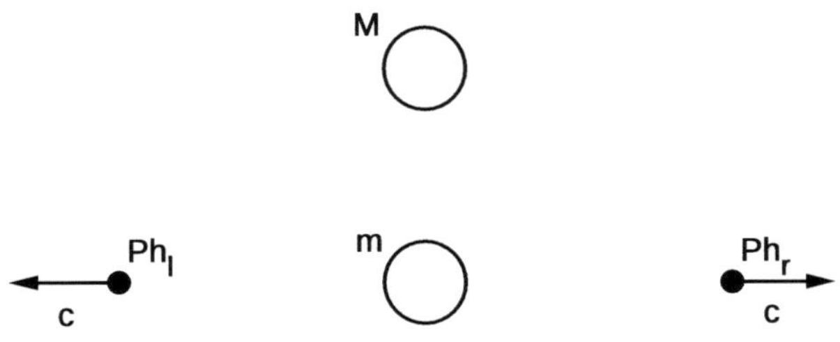

Abbildung 3.36 *Eine ruhende Masse sendet symmetrisch zwei Photonen aus*

Ersetzt man mithilfe von $E = mc^2$ die Energie durch die Masse, ergibt sich:

$$m_v c^2 = m_n c^2 + 2hf\,,$$
$$\Delta mc^2 = 2hf = L\,. \tag{3.48}$$

Es ist somit offensichtlich, dass die Änderung der Masse (multipliziert mit c^2) exakt der Energie L der beiden abgestrahlten Photonen entspricht.

Nun soll das vorherige Experiment aus der Sicht eines inertialen, nach links vorbeifliegenden Beobachters betrachtet werden.

Die Geschwindigkeit des Massenstückes darf sich durch das Aussenden der Photonen aufgrund des Schwerpunktsatzes nicht ändern.
Die Energie der ausgesandten Photonen muss mithilfe der Gleichung (Dopplereffekt) auf Seite 57 in das bewegte System umgerechnet werden.

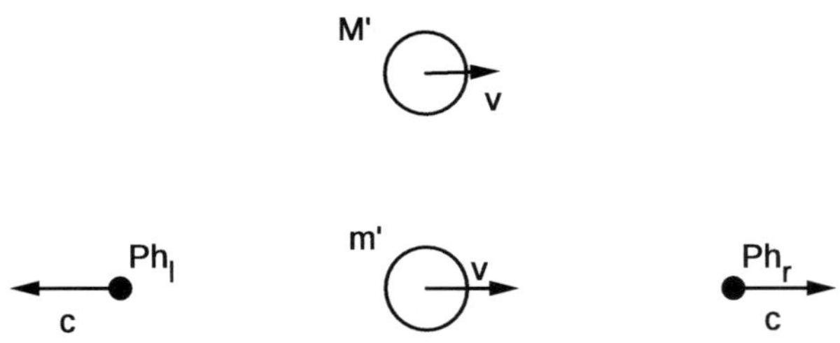

Abbildung 3.37 *Eine bewegte Masse sendet symmetrisch zwei Photonen aus*

Es gilt dann mit den analogen Bezeichnungen wie im vorherigen Bild:

$$E'_{\mathrm{v}} = E'_{\mathrm{n}} + hf\frac{\sqrt{1-\frac{v^2}{c^2}}}{1-\frac{v}{c}} + hf\frac{\sqrt{1-\frac{v^2}{c^2}}}{1+\frac{v}{c}}\,, \tag{3.49}$$

$$E'_{\mathrm{v}} = E'_{\mathrm{n}} + hf\left(\frac{\sqrt{1-\frac{v^2}{c^2}}}{1-\frac{v}{c}} + \frac{\sqrt{1-\frac{v^2}{c^2}}}{1+\frac{v}{c}}\right)\,, \tag{3.50}$$

$$E'_{\mathrm{v}} = E'_{\mathrm{n}} + 2hf\frac{\sqrt{1-\frac{v^2}{c^2}}}{1-\frac{v^2}{c^2}}\,. \tag{3.51}$$

Ersetzen der Energien E'_{v} und E'_{n} durch die Massenformel und Umwandeln ergibt:

$$\Delta m' c^2 = 2hf \cdot \frac{1}{\sqrt{1-\frac{v^2}{c^2}}} = L' = \frac{\Delta m_0 c^2}{\sqrt{1-\frac{v^2}{c^2}}}\,. \tag{3.52}$$

Diese Formel für den bewegten Beobachter ist konsistent zu der Formel des ruhenden Beobachters mit L' als Gesamtenergie der beiden ausgesandten Photonen.

3.12.3 Impuls von masselosen Teilchen

Mithilfe der Gleichung (relativistische Energie-Impulsbeziehung) auf Seite 63 kann man auch masselosen Teilchen wie z. B. Photonen — im Gegensatz zur Newton'schen Mechanik — einen Impuls zuordnen. Daraus ergibt sich:

$$p = \frac{hf}{c}\,. \tag{3.53}$$

3.13 Der inelastische Stoß

Im Folgenden sollen zwei identische Teilchen mit den Ruhemassen m_0 betrachtet werden, die sich aufeinander zubewegen, einen inelastischen Stoß durchführen und zu einem neuen Teilchen mit der Masse M verschmelzen.
Der Vorgang soll von einem Beobachter analysiert werden, der sich vor dem Stoß in Ruhe zum rechten Teilchen befindet. Das linke Teilchen bewegt sich mit v auf den Beobachter zu. Nun soll ausgerechnet werden, wie groß die Geschwindigkeit u des neuen Teilchens nach dem Stoß ist.
Es gilt:

$$v = \frac{u+u}{1+\frac{u^2}{c^2}}\,, \qquad (\textit{Geschwindigkeits–Addition}) \tag{3.54}$$

$$m(v)\cdot v + m_0 \cdot 0 = M(u)\cdot u\,. \qquad (\textit{Impuls}) \tag{3.55}$$

Durch Zusammenfassen der Gleichungen (3.54) und (3.55) ergibt sich:

$$
\begin{aligned}
\frac{m_0}{\sqrt{1-\frac{v^2}{c^2}}}\cdot v + m_0\cdot 0 &= \frac{M_0}{\sqrt{1-\frac{u^2}{c^2}}}\cdot u\\
\frac{2m_0u}{(1+\frac{u^2}{c^2})\sqrt{1-\frac{4u^2}{c^2(1+\frac{u^2}{c^2})^2}}} &= \frac{M_0}{\sqrt{1-\frac{u^2}{c^2}}}\cdot u\\
\frac{2m_0u}{(1+\frac{u^2}{c^2})\frac{1}{c^2+u^2}\sqrt{(c^2+u^2)^2-4u^2c^2}} &= \frac{M_0}{\sqrt{1-\frac{u^2}{c^2}}}\cdot u\\
\frac{2m_0u}{(1+\frac{u^2}{c^2})\frac{1}{c^2+u^2}\sqrt{(c^2-u^2)^2}} &= \frac{M_0}{\sqrt{1-\frac{u^2}{c^2}}}\cdot u\\
\frac{2m_0u}{(1+\frac{u^2}{c^2})\frac{1}{c^2+u^2}(c^2-u^2)} &= \frac{M_0}{\sqrt{1-\frac{u^2}{c^2}}}\cdot u\\
\frac{2m_0uc^2}{c^2-u^2} &= \frac{M_0}{\sqrt{1-\frac{u^2}{c^2}}}\cdot u\\
\frac{2m_0u}{1-\frac{u^2}{c^2}} &= \frac{M_0}{\sqrt{1-\frac{u^2}{c^2}}}\cdot u\\
M_0 &= \frac{2m_0}{\sqrt{1-\frac{u^2}{c^2}}}.
\end{aligned}
$$

Nach dem Stoß ist also die Gesamtmasse M größer als die Summe der beiden Teilmassen m_0.

Beim inelastischen Stoß wird also »Bewegungsenergie in Masse« umgewandelt.

Natürlich gilt auch die Umkehrung. Es lässt sich allgemeiner formulieren:

Immer wenn sich die Masse eines Systems verringert, wird Energie freigesetzt. Wenn Energie »verschwindet«, entsteht Masse.

Diese Erkenntnis hilft beim Verständnis der möglichen Kernzerfallsarten in der Kernphysik. Damit kann erklärt werden, warum manche Isotope stabil und andere instabil sind. Ja, es kann damit sogar berechnet werden, wie viel Energie beim Kernzerfall oder der Kernverschmelzung freigesetzt wird.

Über diesen sogenannten Massendefekt können auch Aussagen über den Lebenszyklus von Sternen, wie unserer Sonne, gezogen werden.

Aber das führt dann zu anderen, nicht minder interessanten Geschichten …

Ad Astra.

A Mathematische Grundkenntnisse

A.1 Wichtige Formeln

Durch Taylor-Reihenentwicklung erhält man:

$$\frac{1}{\sqrt{1-x^2}} = 1 + \frac{x^2}{2} + \frac{3x^4}{8} + \frac{5x^6}{16} + \ldots$$

Ein Term, welcher bei Herleitungen in der SRT häufig vorkommt, ist:

$$\frac{1}{\sqrt{1-\frac{v^2}{c^2}}} = \frac{c}{\sqrt{c^2-v^2}}\,.$$

A.2 Ortsvektoren

Unter einem Ortsvektor versteht man in der Mathematik und der Physik einen Vektor, der von einem festen Bezugspunkt — oft ist dies der Koordinatenursprung — zu einem Punkt zeigt.
Wenn P der Punkt und $\overrightarrow{e_x}$ und $\overrightarrow{e_y}$ die Einheitsvektoren in Richtung der x- bzw. y-Achse sind, schreibt man für den Ortsvektor oft:

$$\overrightarrow{OP} = \vec{P} = \begin{pmatrix} P_x \\ P_y \end{pmatrix} = P_x \cdot \overrightarrow{e_x} + P_y \cdot \overrightarrow{e_y}\,.$$

Ein und derselbe Ortsvektor kann in verschiedenen Koordinatensystemen verschiedene Koordinaten haben:

$$\vec{P} = \begin{pmatrix} P_x \\ P_y \end{pmatrix} = P_x \cdot \overrightarrow{e_x} + P_y \cdot \overrightarrow{e_y} = \begin{pmatrix} P'_x \\ P'_y \end{pmatrix} = P'_x \cdot \overrightarrow{e'_x} + P'_y \cdot \overrightarrow{e'_y}\,.$$

In Abbildung A.1 sind der Punkt P und die Einheitsvektoren e_x und e_y für das erste Koordinatensystem sowie e'_x und e'_y für das zweite Koordinatensystem dargestellt.
Man kann daher für den Punkt P folgendes feststellen:

$$\vec{P} = \begin{pmatrix} 5 \\ 4 \end{pmatrix} = 5 \cdot \vec{e_x} + 4 \cdot \vec{e_y} =$$
$$= \begin{pmatrix} 4' \\ 2' \end{pmatrix} = 4 \cdot \vec{e'_x} + 2' \cdot \vec{e'_y}.$$

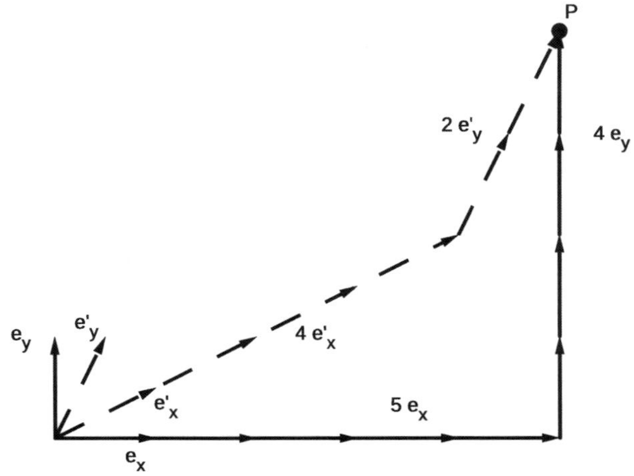

Abbildung A.1 *Ortsvektor, dargestellt in zwei Koordinatensystemen*

Weiters können natürlich auch die Einheitsvektoren in Richtung der Koordinatenachsen umgerechnet werden:

$$\vec{e'_x} = \vec{e_x} + \frac{1}{2} \cdot \vec{e_y},$$
$$\vec{e'_y} = \frac{1}{2} \cdot \vec{e_x} + \vec{e_y}.$$

Damit folgt auch die Umkehrung:

$$\vec{e_x} = \frac{4}{3} \cdot \vec{e'_x} - \frac{2}{3} \cdot \vec{e'_y},$$
$$\vec{e_y} = -\frac{2}{3} \cdot \vec{e'_x} + \frac{4}{3} \cdot \vec{e'_y}.$$

AUFGABE 31: Gegeben ist der Punkt $P(5{,}6)$ im kartesischen Koordinatensystem. Bestimmen Sie die Koordinaten des Punktes P im Koordinatensystem mit den Einheitsvektoren $\vec{e'_x} = \begin{pmatrix} 1 \\ 0 \end{pmatrix}$ und $\vec{e'_y} = \begin{pmatrix} 1 \\ 1 \end{pmatrix}$.

A.3 Geraden in der Ebene

Geraden können in der Mathematik auf verschiedene Arten dargestellt werden:

1. durch zwei Punkte,
2. durch einen Punkt und eine Richtung,
3. durch eine lineare Gleichung,
4. durch die Normalvektorform (welche in diesem Buch aber nicht benötigt wird) ...

In Abbildung A.2 erkennt man eine Gerade g, auf der die zwei Punkte mit den Koordinaten $A = (2/2)$ und $B = (3/3)$ liegen. In der Mathematik wird vereinbarungsgemäß zuerst die x-Koordinate (horizontal) und dann die y-Koordinate (vertikal) angegeben. In der SRT hingegen werden die beiden Koordinaten meistens mit (t,x,y,z) angeschrieben. Wir bleiben im Anhang bei der mathematischen Konvention. Weiters gibt es einen Vektor $u = (\frac{4}{3}/\frac{2}{3})$, der in die Richtung der Geraden zeigt. Die Länge des Vektors ist beliebig — es könnte auch $u = B - A$ sein —, es muss nur die Richtung stimmen.

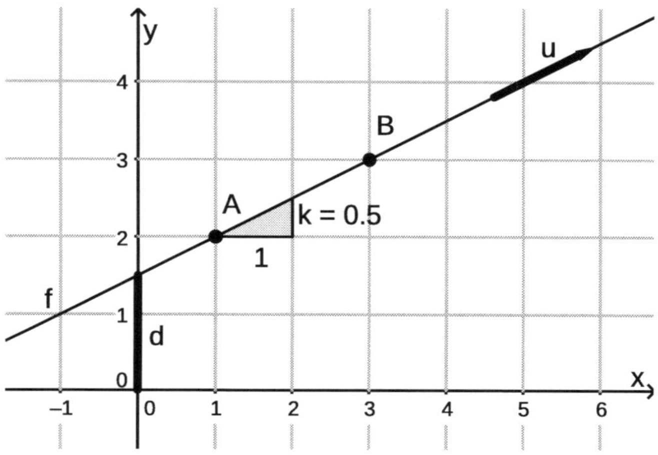

Abbildung A.2 *Geraden*

Außerdem sieht man die Steigung der Geraden $k = 0{,}5$ und die sogenannte Inhomogenität $d = 1{,}5$.
Es gibt unendlich viele verschiedene äquivalente Darstellungen von Geraden!

A.3.1 Koordinatenfreie Geradengleichung

Man bestimmt die Gerade mit $g = g[A,B] = g[B,A]$. Diese Form verwendet man gerne, um allgemeine Zusammenhänge darzustellen — oder in GeoGebra die Gerade zu zeichnen.

A.3.2 Parameterform von Geraden

Man bestimmt die Gerade mit:
$g = A + \lambda \cdot (B - A)$
oder in Koordinatenschreibweise:
$$\begin{pmatrix} x \\ y \end{pmatrix} = \begin{pmatrix} A_x \\ A_y \end{pmatrix} + \lambda \cdot \begin{pmatrix} u_x \\ u_y \end{pmatrix}.$$

A.3.3 Lineare Gleichung

Diese Form kann mit $g\colon\ y = k \cdot x + d$ angegeben werden.

A.3.4 Umrechnen der Darstellungsformen

Mindestens zwei Punkte sind gegeben, man sucht die lineare Gleichung:

Hat man zwei Punkte der Geraden, kann man sofort die Parameterform hinschreiben und daraus die lineare Gleichung berechnen.
Wenn $B_x - A_x \neq 0$, also die Gerade nicht senkrecht ist, gilt allgemein:

$$\begin{pmatrix} x \\ y \end{pmatrix} = \begin{pmatrix} A_x \\ A_y \end{pmatrix} + \lambda \cdot \begin{pmatrix} B_x - A_x \\ B_y - A_y \end{pmatrix}.$$

Daraus folgt

$$\lambda = \frac{x - A_x}{B_x - A_x}$$

und daraus

$$\begin{aligned} y &= A_y + \frac{x - A_x}{B_x - A_x} \cdot (B_y - A_y)\,, \\ y &= \frac{A_x \cdot (B_y - A_y)}{B_x - A_x} \cdot x + (A_y - \frac{A_x \cdot (B_y - A_y)}{B_x - A_x}). \end{aligned}$$

Konkret im Beispiel erfolgt die Umrechnung so:

$$\begin{pmatrix} x \\ y \end{pmatrix} = \begin{pmatrix} 1 \\ 2 \end{pmatrix} + \lambda \cdot \begin{pmatrix} 2 \\ 1 \end{pmatrix}.$$

Daraus folgt

$$\lambda = \frac{x - 1}{2}$$

und daraus

$$\begin{aligned} y &= A_y + \frac{x - 1}{2} \cdot 1\,, \\ y &= \frac{A_x \cdot 1}{2} \cdot x + (2 - \frac{1 \cdot 1}{2})\,, \\ y &= 0{,}5 \cdot x + 1{,}5\,, \\ y &= k \cdot x + d\,. \end{aligned}$$

Wenn $B_x - A_x = 0$, dann gilt:

$$x = A_x\,.$$

Die lineare Gleichung ist gegeben, man will die Parameterform gewinnen:

Wenn die lineare Gleichung nicht die Form $x = const$ hat (also nicht senkrecht ist), dann wählt man zwei verschiedene x und berechnet die zugehörigen y.
Man erhält allgemein:

$$y_1 = k \cdot x_1 + d\,,$$
$$y_2 = k \cdot x_2 + d\,,$$

damit hat man

$$A = \begin{pmatrix} x_1 \\ y_1 \end{pmatrix},$$
$$B = \begin{pmatrix} x_2 \\ y_2 \end{pmatrix},$$

und man kann die Parameterform hinschreiben

$$\begin{pmatrix} x \\ y \end{pmatrix} = \begin{pmatrix} A_x \\ A_y \end{pmatrix} + \lambda \cdot \begin{pmatrix} B_x - A_x \\ B_y - A_y \end{pmatrix}$$

bzw. konkret im Beispiel:

$$x_1 := 0 \qquad\qquad x_2 := 1$$
$$y_1 = 1{,}5 \qquad\qquad y_2 = 1$$
$$A = \begin{pmatrix} 0 \\ 1{,}5 \end{pmatrix} \qquad\qquad B = \begin{pmatrix} 1 \\ 1 \end{pmatrix},$$

$$\begin{pmatrix} x \\ y \end{pmatrix} = \begin{pmatrix} 0 \\ 1{,}5 \end{pmatrix} + \lambda \cdot \begin{pmatrix} 1 \\ 0{,}5 \end{pmatrix}.$$

Falls die Gerade senkrecht ($x = const$) ist, ergibt sich die Lösung mit:

$$\begin{pmatrix} x \\ y \end{pmatrix} = \begin{pmatrix} const \\ 0 \end{pmatrix} + \lambda \cdot \begin{pmatrix} 0 \\ 1 \end{pmatrix}.$$

AUFGABE 32: Geben Sie die Gerade durch die Punkte $A = (6/5)$ und $B = (9/2)$ in der Parameterform und die lineare Gleichung der Geraden an.

AUFGABE 33: Schreiben Sie die Gerade $y = 4 \cdot x + 2$ in Parameterform an.

A.4 Hyperbeln

Hyperbeln sind eine Art von Kegelschnitt, bei dem der Schnitt in zwei sogenannte *Äste* zerfällt.
Eine allgemeine Hyperbeldefinition lautet:

$$H = \{P \in E^2 \mid |\overline{PF_2} - \overline{PF_1}| = 2a\}\,.$$

Die beiden Brennpunkte werden mit F_1 und F_2 bezeichnet; a ist ein nummerischer Parameter, der die Form der Hyperbel bestimmt.

Die Geraden a_1 und a_2 kennzeichnen die beiden Asymptoten der Hyperbel.

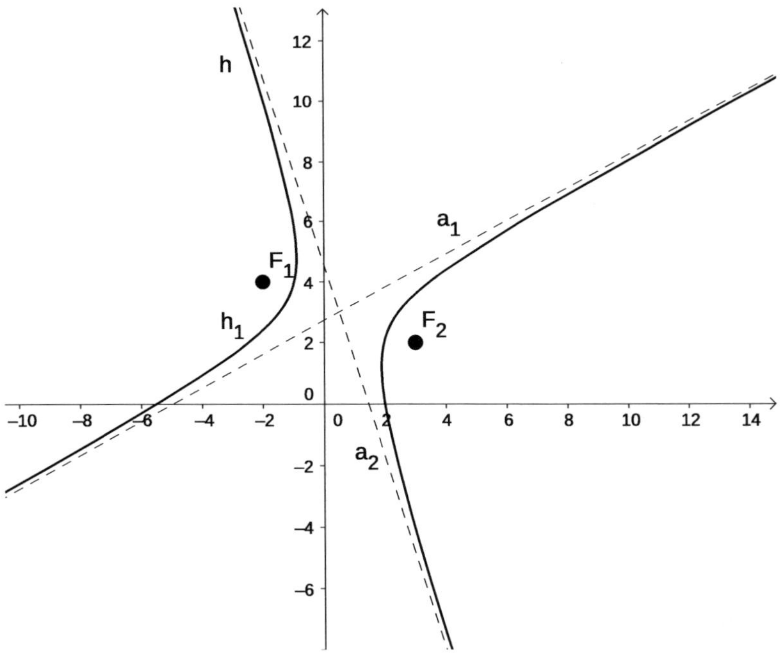

Abbildung A.3 *Hyperbel in allgemeiner Lage*

A.4.1 Hyperbel in 1. Hauptlage

Eine Hyperbel liegt in 1. Hauptlage, wenn ihr Graph symmetrisch zur y-Achse ist.
Der Parameter e gibt den Abstand der Brennpunkte von der y-Achse an. Es gilt $e = \sqrt{a^2 + b^2}$.
Die Asymptoten haben die Gleichung $y = \pm\frac{b}{a} \cdot x$.
Die Gleichung der Hyperbel ist damit $\frac{x^2}{a^2} - \frac{y^2}{b^2} = 1$.

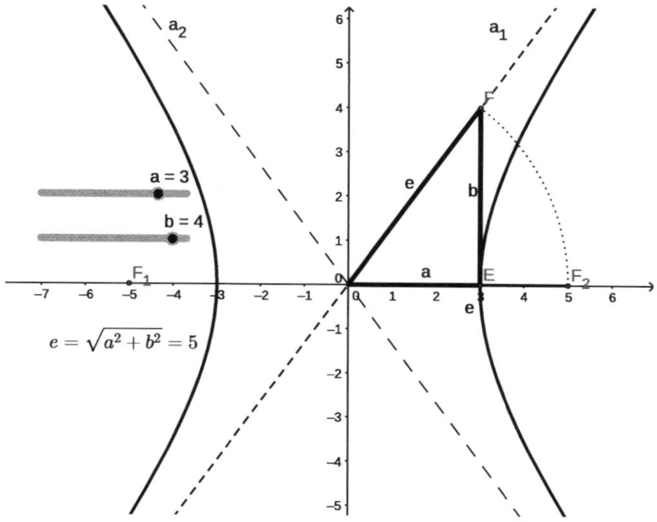

Abbildung A.4 *Hyperbel in 1. Hauptlage mit:*
$h\colon\ \frac{x^2}{2^2} - \frac{y^2}{3^2} = 1$

A.4.2 Hyperbel in 2. Hauptlage

Eine Hyperbel liegt in 2. Hauptlage, wenn ihr Graph symmetrisch zur y-Achse ist. Man erhält aus der 1. Hauptlage die 2. Hauptlage, wenn man x und y vertauscht.
Der Parameter e gibt den Abstand der Brennpunkte von der y-Achse an. Es gilt $e = \sqrt{a^2 + b^2}$.
Die Asymptoten haben die Gleichung $y = \pm\frac{a}{b} \cdot x$.
Die Gleichung der Hyperbel ist damit $\frac{y^2}{a^2} - \frac{x^2}{b^2} = 1$.

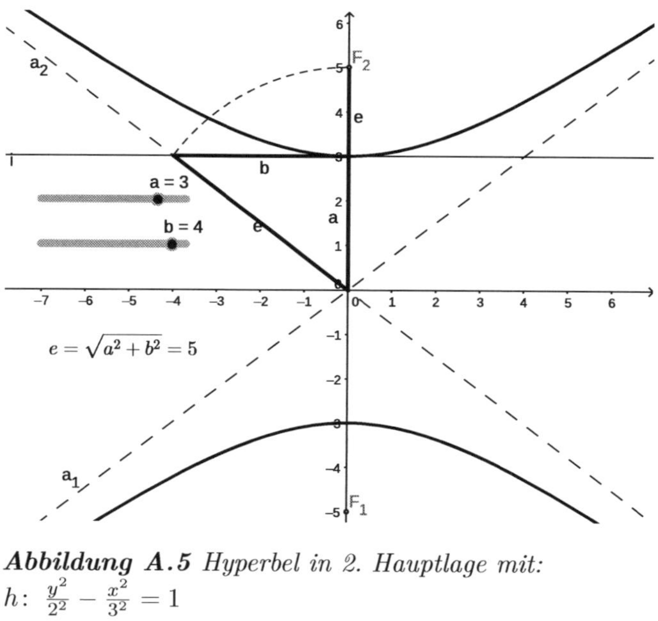

Abbildung A.5 *Hyperbel in 2. Hauptlage mit:*
$h\colon\ \frac{y^2}{2^2} - \frac{x^2}{3^2} = 1$

A.4.3 Gleichseitige Hyperbeln

Man nennt Hyperbeln gleichseitig, wenn $a = b$. Gleichseitige Hyperbeln in 1. und 2. Hauptlage haben als Asymptoten die 1. und 2. Mediane: $a_{1/2}\colon\ y = \pm x$.

Eine Gleichseitige Hyperbel in 1. Hauptlage mit der Gleichung $x^2 - y^2 = 4$.

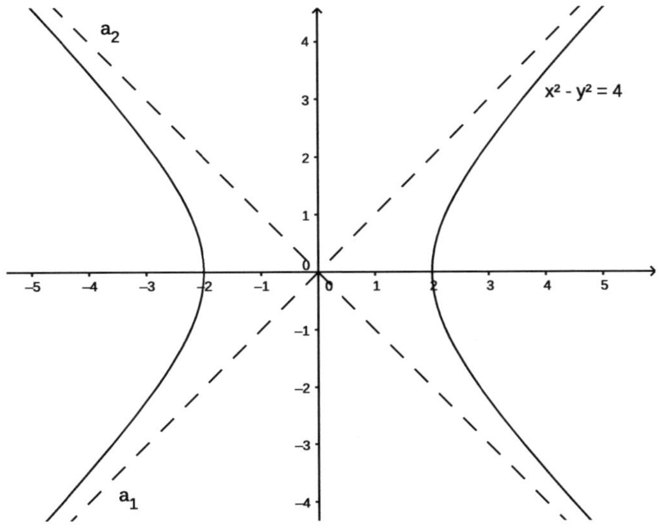

Abbildung A.6 *Gleichseitige Hyperbel in 1. Hauptlage mit: $h : x^2 - y^2 = 4$*

Eine Gleichseitige Hyperbel in 2. Hauptlage mit der Gleichung $-x^2 + y^2 = 2$.

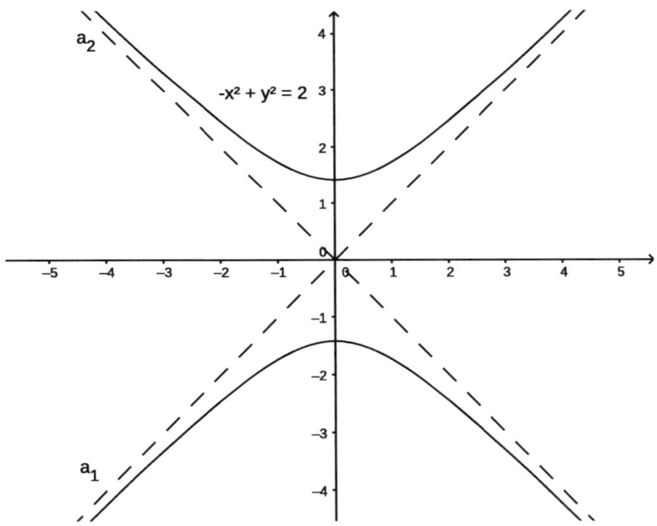

Abbildung A.7 *Gleichseitige Hyperbel in 2. Hauptlage mit: $h : -x^2 + y^2 = 2$*

B Lösungen

LÖSUNG 1: Die Antwort auf diese Frage findet sich in der Veröffentlichung *»Zur Elektrodynamik bewegter Körper«* [Einstein05r].

LÖSUNG 2: Seit dem 20. Mai 2019 werden alle Basiseinheiten durch Naturkonstanten festgelegt:

1. Zeit, Sekunde; bestimmte Anzahl von Schwingungen
2. Weg, Meter; Weg, den das Licht in einer bestimmten Zeit zurücklegt
3. Masse, Kilogramm; bestimmte Anzahl von Atomen eines bestimmten Silizium-Isotops
4. Strom, Ampere; Anzahl von Elektronen pro Sekunde
5. Temperatur, Kelvin; abhängig von der Boltzmannkonstante, Meter, Kilogramm und Sekunde
6. Stoffmenge, Mol; bestimmte Anzahl von Objekten
7. Lichtstärke, Candela; Energie von Strahlung einer bestimmten Farbe pro Raumwinkel

LÖSUNG 3: $\frac{m}{s^2}$

LÖSUNG 4: Ampere und Sekunde

LÖSUNG 5: $[N] = [\frac{kg \cdot m}{s^2}]$

LÖSUNG 6: Anzahl von Teilchen (Elektronen, Protonen, Molekülen ...), Ladungen als Vielfache der Elementarladung ...

LÖSUNG 7:
Eigenschaften: Masse, Farbe, Ladung, Material ...
Zustände: Geschwindigkeit, Rotationsgeschwindigkeit, Impuls, Energie ...

LÖSUNG 8:

- Durch das Bewegen der Massenstücke könnte etwas von dem Material abgerieben werden oder am Massenstück haften bleiben.
- Die Massenstücke könnten sich auch chemisch verändern (oxidieren).
- Der (Luft-)Auftrieb der beiden Massenstücke ist verschieden, wenn sie unterschiedliche Dichten haben.
- Elektromechanische Effekte könnten bei leitenden oder ferromagnetischen Materialien einen Einfluss haben.

LÖSUNG 9:

- Die Länge des Vergleichsmaßstabes hängt von der Temperatur ab, also muss zusätzlich eine Temperaturmessung durchgeführt werden.
- Die Länge des Vergleichsmaßstabes wird sich im Laufe der Zeit ändern (siehe Bestimmung der Masse in der vorherigen Frage).

LÖSUNG 10: Die Periodendauer T ist der Kehrwert der Frequenz f: $T = \frac{1}{f}$

LÖSUNG 11: Für diese Frage gibt es keine eindeutige Lösung, denn je nach Wahl des Stabmeters ergeben sich unterschiedliche Antworten.

LÖSUNG 12: siehe https://de.wikipedia.org/wiki/Geographische_Koordinaten

LÖSUNG 13: Die Geschwindigkeit beträgt dann 40km/h. Im Weg-Zeit-Diagramm sind die Gleichortigkeitslinien anders geneigt.

LÖSUNG 14: Recherchieren Sie bitte im Internet.

LÖSUNG 15: Durch die Schwingungsdauer eines Federpendels kann man die träge Masse und durch den freien Fall kann man die schwere Masse bestimmen.

LÖSUNG 16: Der Ball hat relativ zum Zug eine beliebige Geschwindigkeit, welche immer gleich bleibt.
Der Zug steht zuerst und wird dann ganz langsam immer schneller, bis er fast mit Lichtgeschwindigkeit fährt.
Nach der Gleichung 2.9 auf Seite 15 könnten sich für $v_{\text{BahnhofBall}}$ Werte größer als die Lichtgeschwindigkeit ergeben.

LÖSUNG 17: $s = c \cdot t$; $s = 3 \cdot 10^8 \frac{m}{s} \cdot 10^{-8} s/2 = 1{,}5m$
Achtung: Die Photonen bewegen sich hin und her, daher muss die Länge durch 2 geteilt werden.
Damit hätten die Spiegel einen Abstand von 1,5 m.

LÖSUNG 18: D, weil die Weltlinie die größte Neigung hat.
Die Geschwindigkeit von A ist null, die Geschwindigkeit von B ist negativ und betragsmäßig kleiner als die Geschwindigkeit von D.

LÖSUNG 19:

$$
\begin{aligned}
(ct)^2 &= (ct')^2 + (vt)^2 \\
c^2t'^2 &= c^2t^2 - v^2t^2 = (c^2 - v^2)t^2 \\
t^2 &= \frac{c^2t'^2}{c^2 - v^2} = \frac{t'^2}{1 - v^2/c^2} \\
t &= \frac{t'}{\sqrt{1 - v^2/c^2}}
\end{aligned}
$$

LÖSUNG 20: Die Myonen sind schnell bewegt. Daher tickt die Uhr auf der Erde schneller als die Uhr der Neutrinos.
Die Uhr auf der Erde zeigt $t = 2{,}2\mu s/\sqrt{1 - 0{,}998^2} = 34{,}8\mu s$ an, während für die Myonen ihre Halbwertszeit vergangen ist.
Daher schaffen die Myonen im Erdsystem eine Strecke von $v \cdot t = 0{,}998c \cdot t \approx 10\,400\,\text{m}$ und erreichen somit auch die Erdoberfläche.

LÖSUNG 21: $s = c \cdot t = 299\,792\,458\,\text{m} = 1\,\text{Ls} \approx 3 \cdot 10^8\,\text{m}$

LÖSUNG 22: Die Zeitdauer von A–Q beträgt das Doppelte der Zeitdauer von C–P. Weil die Lichtlinie $\overline{AP}$ einen Winkel von +45° und die Lichtlinie $\overline{PQ}$ einen Winkel von -45° zur Weltlinie von t haben, ist das Dreieck APQ rechtwinklig und gleichschenklig.
Trägt man von A aus die Zeit auf, die ein Photon von t nach v benötigt, so erkennt man, dass das Dreieck PUA ebenfalls rechtwinklig und gleichschenklig sein muss.
Damit wurde die Richtigkeit der Behauptung gezeigt. ■

LÖSUNG 23:
Es wird wieder die Standard-Uhrensynchronisation verwendet.
Es wird die gleiche Vorgangsweise wie zuvor angewendet und ein Diagramm wie in Abbildung B.1 wird erstellt.
Man erkennt, dass die Abstände wieder rechtwinklig zu den Weltlinien der Uhren gemessen werden müssen. Allerdings sind die Abstände horizontal jetzt größer als bei 45° Lichtlinien.

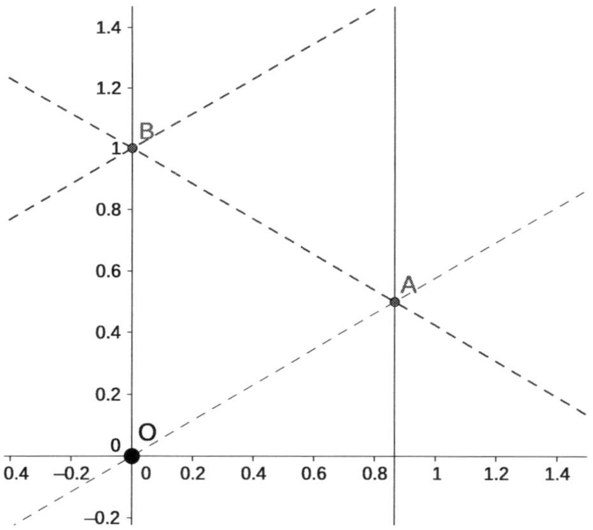

Abbildung B.1 *Aufgabe Winkel 60°*

LÖSUNG 24: $v = x/t$ mit $x = 4\,\text{Ls}$ und $ct = 5\,\text{Ls}$ ergibt sich $v = 0{,}8 \cdot c$.

Lösung 25: Der Abstand Erde zum Entstehungsort der Myonen beträgt 10 km und die Geschwindigkeit beträgt $v = 0{,}998c$. Einsetzen in Gleichung (Längenkontraktion) auf Seite 36 ergibt $10\,\text{km} = \frac{x'}{\sqrt{1-0{,}998^2}}$ und damit $x' = 632\,\text{m}'$.

Die mit dem Myon mitfliegende Beobachterin sieht demnach eine Entfernung von $632\,\text{m}'$, für die sie $t' = 632\,\text{m}'/v = 2{,}0 \cdot 10^{-6}\,\text{s}' = 2{,}0\,\mu\text{s}'$ benötigt.

Bei einer Halbwertszeit von $2{,}2\,\mu\text{s}'$ erreichen also viele Myonen die Erde.

Lösung 26: Betrachten Sie Abbildung B.2:

1. Die Gleichzeitigkeitslinien sind die Lichtlinien, weil die Uhren dort gleich eingestellt werden.
2. Auf $c = x$ zeigen alle Uhren 0, auf d zeigen alle Uhren 1 und auf e alle 2.
3. Bestimmung der Länge:
   a) Ein Lichtsignal, welches bei der Originaluhr nach einer Sekunde ankommt, muss vor einer Sekunde genau 1 Ls von der Originaluhr entfernt ausgesendet worden sein. f zeigt dieses Signal.
   b) Damit kann 1 Ls eingezeichnet werden.
   c) Alle weiteren Ls sind Vielfache von 1 Ls.

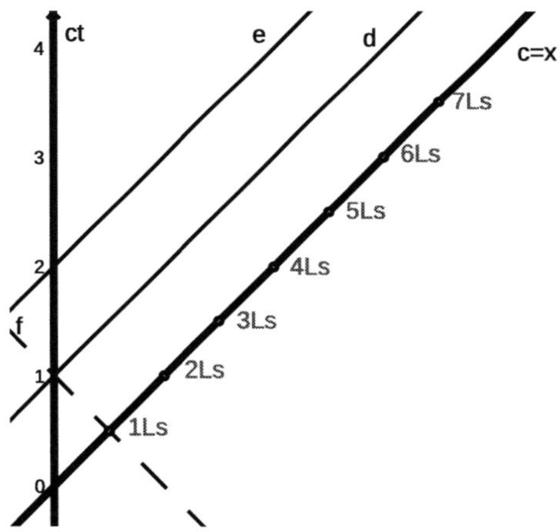

Abbildung B.2 *Aufgabe Alltagssynchronisation*

Lösung 27: $Q(0\text{s}'/4\text{Ls}')$

Lösung 28: Hinweis: $\gamma(1 - \frac{v^2}{c^2}) = \frac{1}{\gamma}$

LÖSUNG 29: Es soll die Abbildung 3.18 auf Seite 43 verwendet werden.

Die Koordinaten von 1 Ls' sind im Leitersystem $\begin{pmatrix} -\gamma \cdot v \\ \gamma \end{pmatrix}$.

Für die Lösung des Problems ist nur die Ortskoordinate wichtig: $4\,Ls' = 6\,Ls$. Damit ergibt sich die Gleichung $4 \cdot \gamma = 6$, mit der Lösung:
Wenn sich die Leiter mit $v = 0{,}745c$ bewegt, hat sie gerade noch in der Garage Platz. Man sieht im Lösungsweg auch, dass keine Aussagen zur Gleichzeitigkeit gemacht werden, weil ja die Zeitkoordinate gar nicht verwendet wird.

LÖSUNG 30: Die Geschwindigkeit erhält man mit: $2 = \frac{1}{1-\frac{v^2}{c^2}} \Longrightarrow v = \sqrt{\frac{3}{4}} \cdot c$.

Der Weg ergibt sich aus: $l = \gamma \cdot 3\,\mathrm{Lj}' = 1{,}5\,\mathrm{Lj}$.
Achtung: Da hier ja vom fliegenden Zwilling ausgegangen wird, ist das bewegte System die Erde und dort ist die Länge $l' = 3\,\mathrm{Lj}'$.
Nützlich ist es auch, den Sachverhalt in einem oder mehreren Minkowski-Diagrammen zu konstruieren!

LÖSUNG 31:

$$P = \begin{pmatrix} -1 \\ 6 \end{pmatrix}$$

LÖSUNG 32:

$$\begin{pmatrix} x \\ y \end{pmatrix} = \begin{pmatrix} 6 \\ 5 \end{pmatrix} + \lambda \cdot \begin{pmatrix} 3 \\ -3 \end{pmatrix}$$

$$y = -x + 11$$

LÖSUNG 33:

$$\begin{pmatrix} x \\ y \end{pmatrix} = \begin{pmatrix} 0 \\ 2 \end{pmatrix} + \lambda \cdot \begin{pmatrix} 1 \\ 2 \end{pmatrix}$$

Tafeln

Abkürzungen

CMS . . . . Center-Of-Mass; Schwerpunkt
MMP . . . . Massenmittelpunkt
QED . . . . Quantenelektrodynamik
SRT . . . . Spezielle Relativitätstheorie

Abbildungen

Alle Abbildungen ohne Namensnennung wurden vom Autor erstellt.

Literatur

[Biruni1000] Bīrūnī, Abu-'r-Raiḥān Muḥammad Ibn-Aḥmad al-; Sachau, Eduard: *The Chronology of Ancient Nations: An English Version of the Arabic Text of the Athâr-ul-Bâkiya of Albîrûnî, Or "Vestiges of the Past";* Hrsg: Sachau, C. Edward; 1879; Oriental translation fund of Great Britain & Ireland

[Born83] Born, Max: *Physik im Wandel meiner Zeit*; 1983; Vieweg+Teubner Verlag

[Dorn07] Bader, Franz; Drehman, Peter; Eisenzopf Wolfgang et al.: *Dorn • Bader Physik 1*; 5. Auflage, 2007; E. Dorner, Wien; ISBN 3-7055-0286-7

[Einstein05r] Einstein, Albert: *Zur Elektrodynamik bewegter Körper*; in: Annalen der Physik 322, Nr. 10, 1905, S. 891–921

[Einstein05s] Einstein, Albert: *Ist die Trägheit eines Körpers von seinem Energieinhalt abhängig?* In: Annalen der Physik 323, Nr. 13, 1905, S. 639–641

[Einstein56] Einstein, Albert: *Über die spezielle und die allgemeine Relativitätstheorie*; 24.Auflage, 2009; Springer-Verlag Berlin/Heidelberg; ISBN: 978-3-540-87776-9

[Feynman07] Feynman, Richard; Leighton, Robert; Sands, Matthew: *Feynman-Vorlesungen über Physik, Band 1*; 5.Auflage, 2007; Oldenbourg Wissenschaftsverlag München; ISBN: 978-3-486-58108-9

[GalileiWiki] https://de.wikipedia.org/wiki/Galilei-Transformation (Aufruf vom 26. 8. 2019 um 9:06)

[GeoGebra] https://www.geogebra.org/ Version 5.0.286.0

[JahrWiki] https://de.wikipedia.org/wiki/Erdbahn (Aufruf vom 26. 8. 2019 um 9:06)

[UrmeterWiki] https://de.wikipedia.org/wiki/Urmeter#Internationaler_Meterprototyp_von_1889_.28drittes_Urmeter.29 (Aufruf vom 26. 8. 2019 um 9:07)

[SI-Brochure] Bureau International des Poids et Mesures (BIPM): *SI Broschure*; 9th edition; updated in 2019;
https://www.bipm.org/utils/common/pdf/si-brochure/SI-Brochure-9.pdf

[WikipediaDopplereffekt] https://de.wikipedia.org/wiki/Doppler-Effekt (Aufruf vom 5. 10. 2019 um 22:35)

[wxMaxima] https://andrejv.github.io/wxmaxima/ Version 18.02.0

Printed in Poland
by Amazon Fulfillment
Poland Sp. z o.o., Wrocław

12053618R00054